人生中的七味心药

拨散心灵乌云的7味心药

我们不要放任自流，
任自己的心灵在困顿与黑暗中延续。

中国华侨出版社

图书在版编目（CIP）数据

人生中的七味心药/孙浩编著.—北京：中国华侨出版社，
2012.9（2014.11 修订版）
 ISBN 978－7－5113－2672－0

Ⅰ.①人… Ⅱ.①孙… Ⅲ.①人生哲学－通俗读物
Ⅳ.①B821－49

中国版本图书馆 CIP 数据核字（2012）第 159281 号

● 人生中的七味心药

编　著/孙　浩
责任编辑/文　筝
封面设计/纸衣裳书装
经　销/新华书店
开　本/710×1000 毫米　1/16　印张 16　字数 220 千字
印　刷/北京一鑫印务有限责任公司
版　次/2012 年 10 月第 1 版　2019 年 8 月第 3 次印刷
书　号/ISBN 978－7－5113－2672－0
定　价/32.80 元

中国华侨出版社　北京朝阳区静安里 26 号通成达大厦 3 层　邮编 100028
法律顾问：陈鹰律师事务所
编辑部：（010）64443056　　64443979
发行部：（010）64443051　　传真：64439708
网　　址：www.oveaschin.com
e－mail：oveaschin@sina.com

前言

　　人这一生说长不长、说短不短，但每走一步都不是那么简单。在这段旅程中，我们会遇到坎坷与蹉跎，也不乏峰回路转的时刻；我们有理想、有期待，当然，亦有可能要承受失望后的落寞；我们有收获也有失去；我们或许辉煌，又或许落魄……这一切，都在百转千回中考验着我们的心性。而考验必然会呈现两种结果——过关者内心会变得更加善良、热情与坚强，崩溃者有可能从此走向冷漠、脆弱，甚至是邪恶。

　　对于前者，我们自然会毫不犹豫地竖起拇指。想象一下，能够在人生的复杂、困惑、多变、诡异中经得住洗礼，保持心灵的本色，这是何等的难得！

　　对于后者，多少让人有些惋惜。其实，每个人的前方原本都是一片光明，只是我们的心太过脆弱，经不起磨炼，忍不住寂寞，解不开结节，受不住诱惑……于是，心在变，失去了原本亮丽的色泽；于是，人生在变，变得困顿曲折、变得幽暗迷惑……

　　那么，是不是我们就要放任自流，任自己的心灵在困顿与黑暗中延续？当然不！其实一切尚可以挽回，只要你肯真心地为心灵去救赎。

　　"放下屠刀，立地成佛"，这不仅仅是在宣扬善恶。所谓"放下屠刀"，就是"转识成智"，就是"回头是岸"。你放下心中偏执的一刻，就是走向彼岸的开始。只要你肯不断弥补自己缺失的心性，终有一天会"功德圆满，立地成佛"。

　　所以，从今天起，给自己煨几剂心药，让自己染病的心灵得到施治，用你的"妙手"让自己"心灵回春"。

　　那么，究竟有哪几味心药需要我们去懂得。

　　心正：正直无私、光明正大。心正者能够摒除妄念，他们经得起各类欲望的诱惑，他们不惧邪恶的恐吓，他们的心中没有阴险一说，而是坦荡地该做什么就做什么。所以，他们不会违心就范，他们没有损人后的愧疚与烦恼，他们活得安然，而不是忐忑。

心善：乐善好施，诸恶不做。心善者不娇柔、不造作、不冷血、不冷漠，他们总是在别人受难之时心甘情愿地伸手相助。他们的善良是一种自觉的付出，不掺杂利益关系与尔虞我诈。所以，他们总是活得那般充实与快乐，不似为恶者那般"做贼心虚"，终日在惶恐中度过。

心宽：遇事宽心，大肚能容。俗语有云："心宽体胖。"心宽者必然身体康健、春风满面。他们不会为一些鸡毛小事大动肝火，不会为一些蝇头小利斤斤计较，更不会为些许间隙而明争暗斗、誓必报仇。这世间，似乎没有什么事是他们装不下的，似乎没有什么事能让他们血气上涌，所以他们每每都是那么理智，每每都是那么轻松。

心诚：待人真挚，持之以恒。心诚者无论对人或是对事，势必将信誉放在首位，他们绝不肯失信于人，即便是"不可抗力"，也必然会全力以赴；心诚者绝不肯轻易放弃，一旦确立了目标，便会矢志不移，因为他们相信"精诚所至，金石为开"！这样的人，总是能够得到他人的信任，这样的人总是能够微笑地站在人生的领奖台上。

心怡：心无羁绊，怡然自乐。心怡者不会为俗念所牵绊，他们总是能够自我解怀，总是能够保持着乐观。在他们看来，这世间似乎没有什么事情值得烦恼，因为这世间本就没有解不开的结环。

心安：安常处顺，知足常乐。心安者能够清醒驾驭不安分的念想，在得到理想的收获后亦能处之泰然。他们看似随遇而安，实则是悟透了知足常乐的最大内涵。所以，他们能够以一颗平常心去面对人生中的风云变幻，这让他们看上去是那么地沉稳与高雅。

心静：心气平和，不浮不躁。心静者拥有笑看风云的舒畅，拥有纹丝不动的超然。他们欲求甚少，不慕虚荣，故而心地常空，不为欲动，所以淡泊明志，宁静致远。无邪念来袭，展现人之本性。

"只要自己的心是晴朗的，就没有什么暴风骤雨的时候！"是的，任风雨飘摇、任世事多变，只要你的心是完好的，就不惧诱惑出现，就不惧困苦磨难，就能活得坦然，就不会留下太多的遗憾……

目录

第一篇　心不正，剑则斜：正身在于正心

> 心正者能够摒除妄念，他们经得起各类欲望的诱惑，他们不惧邪恶的恐吓，他们的心中没有阴险一说，而是坦荡地该做什么就做什么。所以，他们不会违心就范，他们没有损人后的愧疚与烦恼，他们活得安然，而不是忐忑。

荼毒生命的妄念 …………………………………………… 2

恶习蒙蔽性灵 …………………………………………… 4

忌妒之心——摧毁灵魂的毒药 …………………………… 7

吝啬之心——最为卑微的贫穷 …………………………… 10

炫耀之心——为你的虚荣埋单 …………………………… 12

犹豫之心——为人生平添遗憾 …………………………… 14

懒惰之心——对于生命的浪费 …………………………… 17

掉举之心——总与成功差一步 …………………………… 19

依赖之心——退化双腿的拐杖 …………………………… 21

遮掩之心——没有担当的懦夫 …………………………… 23

贪婪之心——生命之舟的颠覆 25
色欲之心——放纵后的大苦恼 28
愤恨之心——笼罩人生的阴影 30
明鉴之心——贵在有自知之明 34
自省之心——人生智慧的源泉 36
忏悔之心——重归正途的开端 38

第二篇　心不善，生祸患：翦灭心内魔障

> 心善者不娇柔、不造作、不冷血、不冷漠，他们总是在别人受难之时心甘情愿地伸手相助。他们的善良是一种自觉的付出，不掺杂利益关系与尔虞我诈。所以，他们总是活得那般充实与快乐，不似为恶者那般"做贼心虚"，终日在惶恐中度过。

善恶就在一瞬间 42
为善最美 43
点燃那盏生命之灯 45
让内心有爱 47
与人为善，就是与己为善 50
每天为别人做一件善事 53
一分给予一分收获 54
济人于危难 57
与人分享，便有双倍的幸福 58
对众生一视同仁 60

给予应出于至诚 …………………………………………… 62

君子成人之美，不成人之恶 …………………………… 64

莫轻小恶，以为无殃 …………………………………… 67

第三篇　心不宽，钻角尖：扩展心的容积

> 心宽者必然身体康健、春风满面。他们不会为一些鸡毛小事大动肝火，不会为一些蝇头小利斤斤计较，更不会为些许间隙而明争暗斗、誓必报仇。这世间，似乎没有什么事是他们装不下的，似乎没有什么事能让他们血气上涌，所以他们每每都是那么理智，每每都是那么轻松。

心有多大，世界就有多大 …………………………… 70

多一些忍让，少一些争端 …………………………… 71

遇事莫钻牛角尖 ……………………………………… 75

路径窄处，留一步与人行 …………………………… 77

善胜敌者，不争 ……………………………………… 79

仇恨的灼烧 …………………………………………… 82

其争也君子 …………………………………………… 84

仇恨埋葬理智 ………………………………………… 87

"小心眼"毁了谁？ …………………………………… 89

爱你的仇人 …………………………………………… 92

亲友之间和气为主 …………………………………… 95

婆媳不争，家更安宁 ………………………………… 97

不痴不聋，不做阿姑阿翁 …………………………… 99

女人要糊涂，生活才幸福 ··· 101
宽可容忍，厚能载物 ··· 103
宽恕净化心灵 ··· 106
常怀感恩，淡却仇怨 ··· 108
容人所不能容 ··· 110

第四篇　心不诚，事不灵：拔掉心中劣根

　　心诚者无论对人或是对事，势必将信誉放在首位，他们绝不肯失信于人，即便是"不可抗力"，也必然会全力以赴；心诚者绝不肯轻易放弃，一旦确立了目标，便会矢志不移，因为他们相信"精诚所至，金石为开"！这样的人总是能够得到他人的信任，这样的人总是能够微笑地站在人生的领奖台上。

对事不忠，做事不成 ··· 114
君子立志，不因物移 ··· 116
学而不倦，一生进取 ··· 119
坚持到底就是胜利 ··· 121
心态要诚恳，做事要踏实 ··· 123
保持心灵的完整 ··· 126
相信自己——你一定行 ··· 129
用自信去披荆斩棘 ··· 131
我是最好的！我是唯一的 ··· 133
勇于向极限挑战 ··· 135
礼不诚，反害己 ··· 138

心诚事方成	140
一诺当有千金重	144
恶意欺人，玩火自焚	147

第五篇　心不怡，忧愁起：拨散心灵乌云

> 心怡者不会为俗念所牵绊，他们总是能够自我解怀，总是能够保持着乐观。在他们看来，这世间似乎没有什么事情值得烦恼，因为这世间本就没有解不开的结环。

世界随心情而变	150
心康才能体健	152
所有的痛苦不过是锻炼	154
祸兮福所倚	156
放下才能解脱	158
斩断心头的绳索	161
其实快乐源于心底	163
为他们开心一点	165
一味内疚于事无补	167
忘记过去不幸的自己	168
远离孤独感	171
有一种美丽叫错过	173
有缘无分莫执着	176
淡看爱的流逝	178
坦然接受生命的无常	180

第六篇　心不安，欲无边：让心多点淡然

> 心安者能够清醒驾驭不安分的念想，在得到理想的收获后亦能处之泰然。他们看似随遇而安，实则是悟透了知足常乐的最大内涵。所以，他们能够以一颗平常心去面对人生中的风云变幻，这让他们看上去是那么的沉稳与高雅。

知足常乐 ………………………………………………… 184
丢掉多余的东西 ………………………………………… 187
别被欲望赶着跑 ………………………………………… 189
不安分的人容易掉进陷阱 ……………………………… 191
身外物，不奢恋 ………………………………………… 193
有时金钱也有毒 ………………………………………… 195
金银有价，人生无价 …………………………………… 197
幸福不在于贫富 ………………………………………… 200
让期望再低一些 ………………………………………… 202
简单地活着 ……………………………………………… 204

第七篇　心不静，所以乱：按捺心的浮躁

> 心静者拥有笑看风云的舒畅，拥有纹丝不动的超然。他们欲求甚少，不慕虚荣，故而心地常空，不为欲动，所以淡泊明志，宁静致远。无邪念来袭，展现人之本性。

身静乃是末，心静才是本 ……………………………… 208

扫除心中落叶……………………………………… 210
止息心的纷扰……………………………………… 212
心中有事世间小…………………………………… 214
于静处还原生活…………………………………… 216
做事常念静与思，莫让前进反成退……………… 219
按捺内心的浮躁…………………………………… 221
嗔心不除，休言淡定……………………………… 223
莫生气……………………………………………… 225
忍字高……………………………………………… 228
无比较心，做我们自己…………………………… 230
弓满则折，月满则缺……………………………… 232
定力生智慧………………………………………… 234
荣也不惊，辱也不惊……………………………… 237
不要丢失本性……………………………………… 240
除物累，静心思…………………………………… 242

第一篇
心不正,剑则斜:正身在于正心

心正者能够摒除妄念,他们经得起各类欲望的诱惑,他们不惧邪恶的恐吓,他们的心中没有阴险一说,而是坦荡地该做什么就做什么。所以,他们不会违心就范,他们没有损人后的愧疚与烦恼,他们活得安然,而不是忐忑。

人生中的七味心药

荼毒生命的妄念

　　人的头脑犹如一个大容器，装进什么样的信息就储存什么样的信息。如果人通过各种信息渠道得到的都是暴力、色情、拜金主义及现实社会中的利益争斗，这些不良信息就会在人的大脑中产生各种妄念，而且这些妄念不会自生自灭，经过一段时间之后会逐渐形成固定的观念，长久地占据人的大脑。清除妄念的最好方法就是大量接受真诚、善良、宽容等良性信息，以人的正念取代脑中的妄念与邪念，其他任何人为的强制方法都难以消除思想中的妄念。

　　妄念，又称为"妄想"。例如，我们早晨睁眼，脑子里不断想事情，种种念头、种种幻想、公事私事、人我是非、历年的陈年往事就会像过电影一样一幕一幕地流过，又像奔流不息的瀑布，没有一分一秒停止。心中有很多割舍不下的事或物，那么妄念是很难被清除的。

　　对待妄念，我们要记住两个词：一个是"不忘"，另一个为"不起"。不忘"见宗自相光明"，不起"遮遣、成立、取舍"等心，这是最最重要的。这样，妄念突起时，不压制它，不随它跑，不产生任何爱憎、取舍之心，才能感悟到逍遥人生。

情景展现

　　传说，从前有一位名叫金碧峰的高僧，他有很深的禅定功夫。他的禅定功夫已经到达无念的境界，只要一入定，任何人都找不到他。

　　有一天，皇帝送他一个紫金钵。他心里非常高兴欢喜，于是对钵起了贪爱之念。

一日，金碧峰的阳寿将尽，阎罗王便派了两个小鬼前来索命，可是任他们东寻西找，就是找不到金碧峰的魂魄！

两小鬼不知道该怎么办，于是，去找"土地"帮忙、"土地"对小鬼说："金碧峰已经入定了，你们根本找不到他的。"

两小鬼央求"土地"为他们出个主意帮帮他们，否则回去没法向阎罗王交差。

"土地"想一想说："金碧峰他什么都不爱，就爱他的紫金钵，如果你们想办法找到他的紫金钵，轻轻地弹三下，他自然就会出定。"

于是，两个小鬼东找西找，找到了紫金钵，轻轻地弹了三下。

当紫金钵一响，果然！金碧峰出定了！说："是谁在碰我的紫金钵。"

小鬼就说："你的阳寿尽了，现在请你到阎王爷那儿去报到。"

金碧峰心想："糟了！自己修行这么久，结果还是不能了脱生死，都是贪爱这个钵害的！"

于是，他就跟小鬼商量："我想请几分钟的假，去处理一点事情，处理完后，我马上就跟你们走。"

小鬼说："好吧！就给你几分钟。"

于是，金碧峰将紫金钵往地上一摔，砸得粉碎，然后，双腿一盘，又入定去了。这一回，任两个小鬼再怎么找，也找不到他了。

心灵物语

尘世间全部妄念、一切物象——金钱、名位、功勋，对于生命而言，不过是一抹尘烟。心在尘世则妄念必至，心在禅中则一片澄净。把握人生方向的，不是别的，就是心境。我们的心原本纤尘不染，只因为外界的物象所迷惑，才如明镜蒙尘一般，晦暗不清。

须知，思人间善事，心便是天堂，思人间恶事，心便堕为地狱；生人间慈悲，处处皆菩萨，生龌龊欲念，人便沦为牲畜；心中有智慧，则无处不乐土，心中多愚痴，则处处是桎梏。

3

恶习蒙蔽性灵

佛家认为,众生都有成佛的潜质,但众生并未成佛,这是什么原因呢?因为被十种恶习蒙蔽了性灵。其实上天对每个人都是公平的,之所以还有那么多不幸福的人,也是因为有这十种恶习在心头作祟。

哪十种恶习呢?无惭、无愧、嫉、悭、悔、眠、昏沉、掉举、嗔恨、覆。

所谓无惭,就是不知道惭愧。古人云:"人不知耻,百事可为。"一个人不要脸,什么不光彩的事都做得出来。

所谓无愧,就是不知自省的意思。就像俗话说的:"人不知自丑,马不知面长。"一个人不知自省,他就看不到自己的缺点和不足,就不会去努力改进,那么,学问和做人功力就会停滞不前,事业和品德就难有长进。

嫉,就是忌妒。忌妒心特别强的人,将别人的收获看成自己的损失,为别人的成就暗自神伤。为了不让身边的人太得意,他经常在背后搞小动作,干一些损人不利己的勾当。他们成天忙于这些惹麻烦没好处的事,哪怕一生劳碌,也百事无成。

悭,就是吝啬。节俭是一种好习惯,过于吝啬,一点好处都到不了别人手里,人际关系必然很差。因为缺乏交流,信息不畅,不易发现成功的机会,见识方面也难有长进。吝啬不只是钱财的悭吝,还有对方法的悭吝,也就是不愿把好的想法、好的建议告诉别人。这样,别人看不到他的诚意和才能,肯定不会对他加以重视。

悔,即做事后悔。"如果我那时好好读书就好了","如果我好好把握那个机会就好了"，后悔其实是不求上进的表现。如果认为读书有益，哪天不能读书？哪怕已经五六十岁还不晚，花上五六年时间，即可精通一门学问。难道非得青春年少在学校里读书吗？之所以让少年儿童在学校读书，主要是因为这么小的孩子干不了什么事，反而会添麻烦，索性让他们在学校读书，既长学问，也减轻了父母的负担。真正要读书，还是在社会上打拼时学以致用，比较容易长学问。如果认为某个机会重要，哪天没有机会？现在是一个机会社会，你需要的是识别和把握机会的能力。所以，浪费任何一个机会都无须后悔，而应把握当前。

眠，睡懒觉，也就是懒惰的意思。世界上最没出息的无疑是懒惰不负责任的人。这种人没出息倒好，要是哪天时来运转，得到某个受重用的机会，那就很可能成为大家的不幸。

昏沉，就是昏头昏脑，迷糊颠倒的意思。这主要是身体或精神状况欠佳造成的。几乎每一个成就事业的人都是精力充沛的人。有的人能力和智商都不差，人也不懒，主要是身体欠佳，一想问题就头痛，只好不想；一做事就气喘，只好不做或少做。这怎么能有成就呢？精神状态欠佳，跟身体状况有一定关系，但主要是心理调节能力的问题。有的人心事重，就像《红楼梦》里那个林妹妹一样，一点小事都要琢磨半天，这样肯定开心不起来！那么这样的人如何能够为人所用、给他人造福？

掉举，就是胡思乱想，注意力不集中。任何事精神专注才能做好，做事时东想西想，做出来的事肯定比较马虎！

嗔恨，性子浮躁，自控能力差，喜欢怨天尤人，喜欢自怨自艾，或者容易发怒。这不但容易搞坏人际关系，也容易惹麻烦。整天跟麻烦事打交道，哪有心情干事业呢？

覆，就是掩过饰非的意思。做错了事，不肯认错，总是找借口辩解，或者把过错推到别人身上，这种人难当大任，也不易受人信任。

以上十种恶习，是做任何事的障碍，所以，哪怕你不想成佛，对它们引起重视，也是必要的。

因为克服了这些恶习，最起码可以养成一种良好的心理品质，对你做一个成功的人则大有裨益。

情景展现

据说，凡是长时间吸毒的人，最后的下场一定是奄奄待毙。著名的爱国将领张学良也曾沾染过毒品，而他却能凭借着惊人的意志力逃过一劫，着实令人敬佩。

1925年，张学良的老师郭松龄起兵反对张作霖，张学良左右为难，权衡再三，决定"率兵平乱"。当年年底，张学良彻底击败郭松龄，他本想护送老师出国，日后再加以重用，却被杨宇霆假传张作霖命令将其杀害。张学良心中苦闷无法排解，于是在别人的怂恿下开始吸食大烟，但只是浅尝辄止。

天有不测风云，此后，张学良又遭受了一连串的打击——张作霖皇姑屯遇难、"九一八事变"令他成为"不抵抗将军"，他为求麻醉自己，摆脱难言之苦，选择变本加厉地吸食毒品，以致无法自拔。

张学良深知抽大烟的害处，于是决定带头戒毒，为广大军民树立榜样。

这时，杨宇霆向他推荐了一种"戒毒特效药"。谁知适得其反，因为这种药物内含有吗啡，注射日久，张学良又对药物产生了依赖性，结果毒瘾越演越烈。

1932年，张学良迫于社会舆论，引咎辞职，准备游历欧洲。出发前，他来到上海，宋子文对少帅戒毒一事十分关心，特意为他请来德国戒毒名医米勒博士，而少帅也听从宋子文的建议，准备戒掉吗啡。

张学良在戒毒之前，曾经交给副官一把手枪，并说道："谁要是敢来给我送药（吗啡）或是松绑，当场枪毙！"

第一个晚上，张学良命人将自己绑在椅子上，先是按医生嘱咐服用一种药，使自己入睡，醒来之后就是挣扎。他痛苦地用头去撞墙、用牙齿去撕咬衣服和胳膊。

就这样,整整七天七夜,在经历了一番死去活来之后,张学良终于成功戒掉毒瘾。一个月后,少帅便恢复了往昔的风采,恍若脱胎换骨一般。

心灵物语

习惯仿佛是人的第二天性,通常是无意识的行为,但总是不断重复。

习惯如同一把双刃剑,稍有不当便伤人伤己。好的习惯可以成就命运,而坏的习惯足以摧毁人生。

恶习泯灭潜能,除掉恶习人生才能爆发!

摆脱恶习要靠自己,别人往往帮不了你!

忌妒之心——摧毁灵魂的毒药

莎士比亚曾经说过:"您要留心忌妒啊,那是一个绿眼的妖魔!"忌妒是"心灵的疾病",它是摧毁灵魂的毒药!

而在《培根论人生》中,则有一节专为忌妒所设,其名就是《论忌妒》。文中这样写道:"世人历来注意到,所有情感中最令人神魂颠倒的莫过于爱情和忌妒。这两种情感都会激起强烈的欲望,而且均可迅速转化成联想和幻觉,容易钻进世人的眼睛,尤其容易降到被爱被妒者身上……自身无德者常忌妒他人之德,因为人心的滋养要么是自身之善,要么是他人之恶。而缺乏自身之善者必然要摄取他人之恶。于是凡无望达到他人之德行境地者便会极力贬低他人以求平衡……在人类所有情感中,忌妒是一种最纠缠不休的感情,因其他感情的发生都有特定的时间场合，只是偶尔为之；所以古人说得好，忌妒从不休假，因为它总在某些人心中作祟。世人还注意到，爱情和忌妒的确会使人衣带渐宽，而其他感情却不致如此，原因是其他感情都不像爱情和忌妒那样寒暑无间。忌妒亦是最卑劣最堕落的一种感情，因此它是魔鬼的固有属性，魔鬼就是那个趁黑夜在麦田里撒稗种的忌妒者。而就像一直所发生的那样，忌妒也总是在暗中施展诡计，偷偷损害像麦黍之类的天下良物。"这寥寥数百字，已将忌妒的丑陋一面剖析得淋漓尽致，事实上，古今圣达之人，大多对忌妒心有余悸，雷萨克就曾经说过："一个人妒火中烧的时候，事实上就是个疯子……"由此可见，当忌妒变态以后，它对人的危害是何其之大。

《佛本行集经》中亦有云："若人善巧解战斗，独自伏得百万人。今若能伏自己心，是名世间真斗士。"意在告诫世人，世界上最成功的将领，不是打败百万敌军的将军，而是调伏自己内在邪见恶念的魔军的圣贤。然而，说起来容易，做起来困难，我们心中的恶魔往往会在无形中占据主控地位，让我们自卑，让我们狭隘，让我们憎恨，让我们忌妒，让我们痛苦，这心中的魔障不除，我们就永远也无法获得人格的升华以及人生的进步。

在现实生活中，我们难免要被人超越，因为任何人都不可能具备所有的智能。我们要坦然接受自己的不完美，当有人在某一方面超过我们时，我们应该去羡慕，而不是嫉妒。因为羡慕会激发我们内心的斗志，令我们将对方当作追赶目标，从而不断提升、不断进步，这才是人生的精彩。

情景展现

当年乔丹在公牛队时，年轻的皮蓬是队里最有希望超越他的新秀。年轻气盛的皮蓬有着极强的好胜心，对于乔丹这位领先于自己的前辈，他常常流露出一种不屑一顾的神情，还经常对别人说自己哪里不如乔丹，自己一定会把乔丹击败一类的话。但乔丹没有把皮蓬当作潜在的威胁而排挤他，反而对皮蓬处处加以鼓励。

有一次，乔丹对皮蓬说："你觉得咱俩的三分球谁投得好？"

皮蓬不明白他的意思，就说："你明知故问什么，当然是你。"

因为那时乔丹的三分球成功率是28.6%，而皮蓬是26.4%。但乔丹微笑着纠正："不，是你！你投三分球的动作规范、流畅，很有天赋，以后一定会投得更好。而我投三分球还有很多弱点，你看，我扣篮多用右手，而且要习惯地用左手帮一下。可是你左右手都行。所以你的进步空间比我更大。"

这一细节连皮蓬自己都未察觉。他被乔丹的大度给感动了，渐渐改变了自己对乔丹的看法，虽然仍然把乔丹当作竞争对手，但是更多的是抱着一种学习的态度去尊重他。

一年后的一场NBA决赛中，皮蓬独得33分（超过乔丹3分），成为公牛队中比赛得分首次超过乔丹的球员。比赛结束后，乔丹与皮蓬紧紧拥抱着，两人泪光闪闪。

而乔丹这种"甘为竞争对手喝彩"的无私品质，则为公牛队注入了难以击破的凝聚力，从而使公牛王朝创造了一个又一个神话。

心灵物语

忌妒，会使我们失去灵魂的双腿。走在人间路上，没有支柱，寸步难行。

人性中的狭隘就像一把看不见的钢刀，不仅会刺瞎你的眼睛，还会刺瞎你的心！如果让人类的这种心态恶性循环下去，所有美好的东西都将成为忌妒的陪葬品。这种由褊狭、自私而萌生的忌妒显然是消极的。

吝啬之心——最为卑微的贫穷

"人执我所有,悭贪不能舍;纵以是生护,亦为无常夺!"紧紧抓着不放,不肯与人分享丝毫,这样的人其实是贫穷的。如果你所拥有的,已经超过你所需要的,那么为何不能让更多真正需要的人"沾沾光"呢?若如此,你一定能够赢得人格上的富足。

舍与得互为因果,往与复本来是自如的,如果领略其中奥意,自然可以打破分别之心。无分别心,即无烦恼挂碍,心境圆融通达,万象归于一乘,人生有限之生命就会融入无限的大智慧中。

舍与得的问题,多少有点哲学的意味。舍得、舍得,先有舍才有得,不舍不得,小舍小得,大舍大得,舍即是得。舍是得的基础,将欲取之,必先予之,因而人生最大的问题不是获得,而是舍弃。无舍尽得谓之贪。贪者,万恶之首也。领悟了舍得之道,对于做人做事都有莫大的益处。做人,应该抛弃贪婪、虚伪、浮华、自私,力求真诚、善良、平和、大气。做事,应该有所为有所不为。

生活本来就是舍与得的世界,我们在选择中走向成熟。做学问要有取舍,做生意要有取舍,爱情要有取舍,婚姻也要有取舍,实现人生价值更要有取舍……正如孟子所说:"鱼,我所欲也;熊掌,亦我所欲也。二者不可得兼,舍鱼而取熊掌者也。"人生即是如此,有所舍而有所得,在舍与得之间蕴藏着不同的机会,就看你如何抉择。倘若因一时贪婪而不肯放手,结果只会被迫全部舍去,这无异于作茧自缚,而且错过的将是人生最美好的时光,即使最后能获得什么,那也是一种得不偿失!何苦来哉?

舍与得之间的抉择是一种生活的艺术，亦是一种人生哲学。是否舍得就看你的慧量是多少了。

情景展现

传说很久以前，城郊有一座葡萄园，果实甘甜，每到成熟季节，都会有很多人前来采摘，而每到此时，都会有一只鸟儿盘旋在葡萄园上方。如果有人伸手去摘葡萄，这只鸟就会大叫不停，仔细听那声音，似乎是"我所有……我所有"，因此，人们给它取了一个十分滑稽的名字——"吝啬鸟"。

这年，葡萄园大丰收，前来采摘的人比往年多了一倍。吝啬鸟叫得凄厉异常，但人们对此情景早已司空见惯，根本不去理会。最后，由于日复一日地啼叫，吝啬鸟累得咳血而亡。

据说数十年前，城中住着一位年轻人，他在父母过世以后继承了大笔财产。对他而言，钱财就是一切，他每天计算着自己的财产数量，甚至连城郊葡萄园的收成也计算在内，只盼望能够越多越好。

在他看来，多一个人就会多一分消耗，所以他一生没有娶妻生子。终老以后，由于他的财产无人继承，所以便全部没入了国库。

吝啬鸟的前世就是这位年轻人。他虽已转世为鸟，但仍未改吝啬之习，仍想霸着葡萄园不放，乃致累得咳血而亡。

心灵物语

"我所有"就是我所有的房屋、眷属、家产，这些身外之物可以利用它来维持我们的生命；而人所需要的仅是菜饭饱、布衣暖足矣，如贪求无厌，吝惜不舍，一旦失落，难免会像"吝啬鸟"那样哀叫致死。

让河流动，方得一池清水，这是流水不腐的道理。舍而后得，这是人生的道理。

第一篇 心不正，剑则斜：正身在于正心

11

炫耀之心——为你的虚荣埋单

"伏久者飞必高，开先者谢必早"。一个人纵然资质卓绝、才高八斗，也不宜锋芒毕露，不妨装得笨拙一点；很多事情，即便我们心中非常清楚，也没有必要过于表现，最好用谦虚来收敛自己。很多人清高傲世、愤世嫉俗，常以白眼视人，这显然不是处世之道。孤芳自赏只会让更多的人排斥你，甚至是打击你，所以我们务必要使自己随和一些。当我们的能力得到赏识时，切不可过于激进，而应以退为进。若能做到这些，你大抵可以安身立命、高枕无忧了。

正所谓"显眼的花草易招摧折"，自古才子遭忌、美人招妒的事难道还少吗？所以，无论你有怎样傲人的资本，你都没炫耀显露的必要。要知道，一旦你大意了，张扬了，你或许本身并没有夸耀逞强的意思，但别人早已看你不顺眼。如若这时你还不能及时醒悟，赶紧用低调的策略保护自己，你就是在将自己置于吉凶未卜的旋涡急流当中，到时，即使你想抽身也难了。

所以，我们做人时刻都要留个心眼，你固然聪明，但也不要太过彰显，这样做除了能满足你那无谓的虚荣心，还能表明什么呢？相反，它反而会使你成为那根"出头的椽子"、那只"被枪打落的出头鸟"。退一步说，即便是在不掺杂任何竞争因素的朋友交往中，倘若你太不知分寸，凡事都要点个明明白白，也一定不会受到欢迎。因为你在彰显聪明的同时，已然无形中贬低了别人的智商，谁又会对此无动于衷呢？

情景展现

三国时期的杨修在曹营内任行军主簿，思维敏捷，甚有才名。有一次建造相府里的一所花园，才造好大门的构架，曹操前来察看之后，不置可否，一句话不说，只提笔在门上写了一个"活"字就走了，手下人都不解其意，杨修说："'门'内添'活'字，乃'阔'字也。丞相嫌园门阔耳。"于是再筑围墙，改造完毕又请曹操前往观看。曹操大喜，问是谁解此意，左右回答是杨修，曹操嘴上虽赞美几句，心里却很不舒服。又有一次，塞北送来一盒酥，曹操在盒子上写了"一盒酥"三字。正巧杨修进来，看了盒子上的字，竟不待曹操说话自取来汤匙与众人分而食之。曹操问是何故，杨修说："盒上明书一人一口酥，岂敢违丞相之命乎？"曹操听了，虽然面带笑容，可心里十分厌恶。

在封建时代，统治者为自己选择接班人是一件极为严肃的事情，每一个有希望接班的人，不管是兄弟还是叔侄，可说是个个都急红了眼，所以这种斗争往往是最凶残、最激烈的。但是，杨修却偏偏在如此重大的问题上不识时务，又犯了卖弄自己小聪明的老毛病。

有一次，曹操让曹丕、曹植出邺城的城门，却又暗地里告诉门官不要放他们出去。曹丕第一个碰了钉子，只好乖乖回去。曹植闻知后，又向他的智囊杨修问计，杨修很干脆地告诉他："你是奉魏王之命出城的，谁敢拦阻，杀掉就行了。"曹植领计而去，果然杀了门官，走出城去。曹操知道以后，先是惊奇，后来得知事情真相，愈加气恼。

曹操性格多疑，生怕有人暗中谋害自己，谎称自己在梦中好杀人，告诫侍从在他睡着时切勿靠近他，并因此而故意杀死了一个替他拾被子的侍从。可是当埋葬这个侍从时，杨修喟然叹道："丞相非在梦中，君乃在梦中耳！"曹操听了之后，心里愈加厌恶杨修，于是开始找碴要除掉这个不知趣的家伙了。

不久，机会终于来了！建安二十四年（公元219年），刘备进军定军山，老将黄忠斩杀了曹操的亲信大将夏侯渊，曹操自率大军迎战刘备于汉中。谁知战事进展得很不顺利，双方在汉水一带形成对峙状态，使曹操进退两难，要前进害怕刘备，要撤退又怕遭人耻笑。一天晚上，心

人生中的七味心药

情烦闷的曹操正在大帐内想心事,此时恰逢厨子端来一碗鸡汤,曹操见碗中有根鸡肋,心中感慨万千。这时夏侯惇入帐内禀请夜间号令,曹操随口说道:"鸡肋!鸡肋!"于是人们便把这句话当作号令传了出去。行军主簿杨修即叫随军收拾行装,准备归程。夏侯惇见了便惊恐万分,把杨修叫到帐内询问详情。杨修解释道:"鸡肋鸡肋,弃之可惜,食之无味。今进不能胜,退恐人笑,在此何益?来日魏王必班师矣。"夏侯惇听了非常佩服他说的话,营中各位将士便都打点起行装。曹操得知这种情况,差点气坏心肝肺,大怒道:"匹夫怎敢造谣乱我军心!"于是,喝令刀斧手,将杨修推出斩首,并把首级挂在辕门之外,以为不听军令者戒。

心灵物语

锋芒外露,显然不是处世之道。自恃才华,放荡不羁,人们难免会觉得你轻浮、不靠谱,一不小心还会招致横祸。杨修如何?其人才思敏捷,聪颖过人,才华、学识莫不出众,单从他数次摸透曹操心思,足见其过人之处。然而,他恃才放旷、极爱显摆,最终落得个身首异处、命殒黄泉的下场。

"灵芝与草为伍,不闻其香而益香。凤凰偕鸟群飞,不见其高而益高"。人生于世,唯有善藏者,才能一直立于不败之地!

犹豫之心——为人生平添遗憾

倘若一个人总是太过拖沓,那么是很难有什么建树的。正所谓"机不可失,时不再来",这是任何人都明白的道理,但是总是有一些喜欢拖拉的人,他们面对机会总是犹豫不决,让机会白白地错过,仿佛在等待"最好的时机"。他们天天在考虑、在分析、在迟疑、在判断，迟迟下不了决心，总是优柔寡断，好不容易做了决定之后，又时常更改，不知道自己要的是什么，抓怕死，放怕飞。终于决定实施了，他们第一件事就是拖拉、不行动，告诉自己"明天再说""以后再说""下次再做"。即使采取了行动也是"两天打鱼，三天晒网"。这样的人永远一事无成，终生与失败为伍。

"明日复明日，明日何其多？我生待明日，万事成蹉跎。"没有什么习惯能够比拖拉更使人懈怠。它会损坏人的性格，消磨人的意志，使你对自己越来越失去信心，怀疑自己的毅力，怀疑自己的目标，怀疑自己的能力，从而让人变得一事无成。它还是人生的最大杀手，让人在生活和工作中忙乱不堪，让人失去与他人合作的机遇，更让人失去在工作和事业上成功的机会，从而让失败一直伴随着自己，让自己一事无成。

一件事情想到了就要赶快去做，千万不要犹豫不决。如果什么事情都要想到百分之百再去做的话，那么你就要落于人后了。有些事，并不是我们不能做，而是我们不想做。只要我们肯再多付出一分心力和时间，就会发现，自己实在有许多未曾使用的潜在的本领。

要使做事有效率，最好的办法是尽管去做，边做边想。养成习惯之后，你会发现自己随时都有新的成绩：问题随手解决，事务即可办妥。这种爽快的感觉会使你觉得生活充实，而心情爽快。

人生匆匆数十载，我们有太多的事情需要去尝试，犹豫只会为人生平添遗憾。将犹豫从你的生命中挪开，想做的事情就趁早去做，这样你才能拥有一个无悔的人生。

情景展现

法国有一位哲学家，他温文尔雅，谈吐不俗，令许多女人为之倾倒。

这天，一位容貌绝美、气质高雅的女子敲开他的房门："让我来做你的妻子吧！相信我，我是这世上最爱你的女人！"

15

人生中的七味心药

哲学家惊叹于她的气质,陶醉于她的美貌,更为她的真情所打动。毫无疑问,他同样为她而着迷,但他却说:"你让我再考虑一下!"

送走女子,哲学家找来纸笔,将娶妻与不娶妻的利弊一一罗列出来。结果发现,二者的利弊竟然不相上下。哲学家很是为难,他犹豫起来,不知如何是好,而这一犹豫就是整整4年。

4年后,哲学家得出这样一条结论:在难以取舍时,应该选择尚未经历过的。

于是,哲学家兴冲冲地来到女子家,对其父亲说道:"您女儿不在吗?那么请您转告她,我已经考虑清楚,我要娶她为妻!"

老人漠然说道:"你晚来了4年,我女儿如今已经是两个孩子的母亲了!"

数年后,哲学家郁郁而终。弥留之际,他吃力地写下这样一行字:"若是将人生一分为二,前半生的哲学应是'不犹豫',后半生的哲学应是'不后悔'……"

心灵·物语

一个人在机遇面前倘若总是优柔寡断、犹豫不决,就会遭到机遇的鄙夷与抛弃。机遇才不会等你,你不抓住,它一定会跑向别人那里。

人的一生之中,能够斗志昂扬、精力充沛的黄金时段并不多,与其年迈时空叹韶华白头、精力不再,不如惜取眼前时机,将遗憾从生命中彻底赶走。聪明人都很清楚,一次机遇对于一个普通人而言,是何等的宝贵、何等的重要!所以当机遇来临时,他们从不犹豫,伺机而动,一击即中,因而机遇也成就了他们。

懒惰之心——对于生命的浪费

懒惰是导致生命失去创造力的最重要因素之一。一个人若是慵懒成性，那么无疑是在浪费生命。这样的人行动不积极、讨厌做决定、想方设法逃避本应承担的责任，而他们惯用的伎俩便是借口；他们最常见的行为便是拖延！而拖延更是会带来无法挽回的损失。

譬如，一位公司老总因为没有及时决策而遭遇滑铁卢；一位主妇因为向来不及时做家务而导致丈夫的怨怒，最终感情破裂；一位患者因为不及时去医院而错过了治疗的最佳时机，等等，这一切都是懒惰惹的祸！

懒惰的人生给人以一种难以言表的疲乏滋味，懒散之人往往会一事无成。他们的可悲之处在于，太过固执于自己的惰性，固守着一成不变的生活，以至于形成惯性思维，只图安于现状，却不肯勤奋一点，对自己的生活做出改变，结果导致自己的人生停滞不前，逐渐为社会所淘汰。

须知，在突飞猛进、竞争激烈的时代，懒惰地墨守成规，安于现状，只依靠过去的经验"混日子"，显然是不行的。它会令你失去很多机会，失去竞争能力，从而失去成功的可能性。你不能再贪恋舒适、但危险性十足的现状了，你必须突破自我，重新塑造自我，必须有意识地去培养自己的应对能力及竞争力，只有这样，你才能达成自己的人生目标。

情景展现

很久以前，武夷山上有两块大石，它们相伴千载，看尽人世沧桑、六道轮回。

一天，一块石头对另一块说："不如我们去尘世磨炼磨炼吧，能够体验一下世间的坎坷及磕碰，也不枉来此世一遭。"

后者不屑："何必去受那份苦呢？在此凭高远眺，数不尽的美景尽收眼底，青山翠柏、香茗异草陪伴身旁，何等惬意！再说，这一路碰撞不断、磨难重重，会令我们粉身碎骨的！"

于是，前者晃动身躯，顺山溪滚滚而下，一路左磕右碰，周身伤痕累累，但它依然执着地向前奔波，终入江河，承受着流水与岁月的打磨。

后者嗤之以鼻，安立于高山之上，看盘古开天辟地时留下的风尘美景，享风花雪月的畅意情怀。

又过千载，前者在尘世的雕琢、锤炼之下，成为稀世珍品、石艺奇葩，受万人瞻仰。后者得知，亦想效仿前者，入尘世接受洗礼，赢得世人赞叹。但每每想到高山上的安逸、享乐，想到尘世的疾苦，想到粉身碎骨的危险，它便不舍了、退却了。

再后来，世人为更好地珍藏石艺奇葩，决定为它及它的同伴建造一座别具一格的博物馆，建筑材料全部用石头，以突出"石"的主题。于是，世人来到武夷山上，将那块贪图安逸、贪图享乐的大石及很多石头砸成碎块，为前者盖起了一座"别墅"。后者痛哭，它最终还是粉身碎骨，但碎得未免太不值得。

心灵物语

两块大石，因为选择不同，便有了不一样的命运。前者放弃享乐，甘受风霜洗礼、尘世雕琢，终得功成名就；后者拒绝雕琢，沉于安逸，成了一块石料。那么，如果是你，你会放下什么、选择什么？

温室中的花朵很少能够得到诗人的垂青；贪图安逸的"懒人"只能一次又一次被人超越。正如一首歌中唱的那般："不经历风雨，怎么见彩虹，没有人能随随便便成功。"

掉举之心——总与成功差一步

所谓"样样通样样松""诸事平平，不如一事精通"，这是一种规律。戴尔·卡耐基在分析众多个人失败案例以后，得出这样一条结论："年轻人事业失败的一个根本原因，就是精力太分散。"这是一个不争的事实，很多人生中的失败者都曾在多个行业中滑进滑出。试想，倘若他们能够将精力集中在一点，在一个行业里孜孜不倦地奋斗10年、20年，又何愁不成为个中翘楚呢？

常言说"能成事者立长志，不成事者常立志"。在这个世界上，希望改变自身状况、希望事有所成的人比比皆是，但真正能够将这种愿望具体化为一个清晰的目标，并矢志不移地为之奋斗的人却很少。到头来，愿望终究只是愿望而已。

美国哈佛大学曾用时25年，以"目标对人生的影响"为内容，对一群各方面条件相差无几的大学生进行跟踪调查，结果发现，在这些年轻人中，有27%的人缺乏目标；有60%的人目标不够清晰；有10%的人有目标，且清晰，但只是短期目标；而只有3%的人，具有清晰的长期目标。

25年以后，那3%具有清晰长期目标的人几乎都成了社会精英，其中包括创业成功者、行业领袖，等等；10%具有短期目标的人一直生活在社会中上层，生活相对惬意；60%目标模糊者生活在社会中下层，衣食无忧，仅此而已；而27%没有目标者，则一直处于社会最底层，生活状况极不如意。

由此可见，目标对于人生具有极其重要的导向作用，人生成功与否，就在于你的选择。选择什么样的目标，就会拥有什么样的人生。

人生中的七味心药

情景展现

一位名叫贾金斯的年轻人看到有人在钉栅栏，便走过去帮忙。钉了几下，他觉得木头不够整齐，于是便找来一把锯；锯几下之后，他又觉得锯不够快，又去找锉刀；找到锉刀才发现，必须要给锉刀装上一个合适的手柄；这样一来，就免不了去砍棵小树；而要砍小树必须要把斧头磨快；要将斧头磨快，首先就要把磨石固定好；固定磨石要有支撑用的木板条，制作木条还需要木工用的长凳……贾金斯决定去求借所需要的工具，这一去就再也没回来。

贾金斯其人无论做什么都不能从一而终。他曾一心学习法语，但要完全掌握法语，必须对古法语有所了解，而要学好古法语，首先就要通晓拉丁语。

接下来贾金斯又发现，学好拉丁语的唯一方法，就是掌握梵文，于是他又将目标转向梵文。如此一来，真不知何年何月才能学会法语了。

贾金斯的祖上为他留下了一些财产，他从其中拿出10万美元创办煤气厂，但原材料煤炭价格昂贵，令他入不敷出。于是，他以9万美元将煤气厂转让，继而投资煤矿。这时他又发现，煤矿开采设备耗资惊人。因此，他将煤矿变卖，获得8万美元，转投机器制造业……就这样，贾金斯在各相关工业领域进进出出，却始终一事无成。

他的情况越来越差，最后不得不卖掉仅存的股份，用来购买了一份逐年支取的养老金。然而，伴随着支取金额的逐年减少，他若是长命百岁，肯定还是不够用的。

心灵物语

贾金斯的失败在于，他的目标总是在不停地变动，如此一来，就不得不在各个目标之间疲于奔命。这样做除了空耗财力、物力，空耗时间与人生，还能有什么呢？

若希望一个人成功，就只给他一条路；若希望一个人失败；就给他若干条路。因为成功者往往得益于别无选择或是不给自己更多选择，才能专注并执着地付出，失败者恰恰是因为选择或退路太多，才会半途而废。须知，全神贯注地做好第一件事，才有机会做第二件事！

依赖之心——退化双腿的拐杖

有句俗语说得好："流自己的汗，吃自己的饭，自己的事情自己干，靠天靠人靠父母，不算是好汉。"依赖，只能说是一种心理脆弱和不成熟的表现。

其实，很多事情不是自己力不能及，而是担心做不好，面子有失；其实，很多事情根本就是轻而易举，但只是你的性格太过懦弱，摆脱不了精神上的依赖。

长此以往，你的能力只会越来越差，你的信心只会越来越少，你甚至会丧失创造性、积极性以及主动性。

所以，无论是在生活中抑或学习中，在职场上抑或情感上，不妨大胆地去尝试摆脱依赖，放弃对别人过多的期望。你要相信自己的能力，在畏惧与沮丧之时，不要寻求外界的帮助，请试着无条件地挑战自己。

当然，摆脱依赖不等于盲目自信，你首先要让自己成为一个有实力的人，在生活实践中逐步提高"单兵作战"的能力。

请记住，没有谁会是你永久的靠山。命运就像掌纹一样，虽然弯曲杂乱，却只有你能掌握。无论环境何其艰苦，只要我们懂得自信、自立、自强，就一定可以写出一个工工整整的"人"字。

情景展现

一名中国学生以优异的成绩考入美国一所著名学府。初来乍到，人地生疏，思乡心切，饮食又不习惯，他不久便病倒了。为治病花了不少钱，学生的生活渐渐陷入窘境。病好以后，他来到一家餐馆打工，每小时有8美元的收入，但仅干了两天，他就嫌累辞了工。一个学期下来，身上的钱已然所剩无几，于是趁着放假，他便退学回了家。

在他走出机场时，远远便看见前来接机的父亲。他兴奋地迎着父亲跑去，父亲则张开双臂准备拥抱久违的儿子。可就在父子即将相拥的一刹那，父亲突然退后一步，他扑了个空，重重摔倒在地上。他不解，难道父亲为自己退学的事动了大怒？下一秒，父亲将他拉起，语重心长地说道："孩子你记住，这个世界上没有任何一个人会做你的永久靠山。你要想生存，想在惨烈的竞争中胜出，就只能靠你自己！"随后，父亲递给他一张返程机票。他万里迢迢回到家乡，却连家门都没入便返回了学校。从此，他发愤学习，竭力适应环境。一年以后，他斩获了院里的最高奖学金，并在一家具有国际影响力的刊物上发表了数篇论文。

心灵物语

在这个世界上，没有人注定是个失败者，在人生这个竞技场上，能否超越自我，脱颖而出，关键要看你对待生活抱有一种什么样的态度，关键要看你怎样去经营自己的人生。如果只知怨天尤人、不思进取，将全部希望寄托于别人的帮扶，那么，你注定是要被淘汰的。

对自己有绝对信心的人，可以克服任何的困难与挫折。他们的眼光只定位在成功的一方；信心正确地引导着他们，一路披荆斩棘奋勇直前。

遮掩之心——没有担当的懦夫

人即使再聪明也总有考虑不周的时候，有时再加上情绪及生理状况的影响，就会不可避免地犯错——估计错误、判断错误、决策错误。

人犯了错，一般有两种反应，一种是死不认错，而且还极力辩白；另一种反应是坦白认错。

第一种做法的好处是不用承担错误的后果，就算要承担，也因为把其他的人拖下水而分散了责任。此外，如果躲得过，也可避免别人对你的形象及能力的怀疑。但是，死不认错并不是上策，因为死不认错的坏处比好处多得多。

遗憾的是，偏偏有一些人从不承认自己有什么过错，甚至把错的也看成是对的。这是不能见其过的人。有一种人，明知自己错了，却甘于自弃，或只在口头上说错了，这是不能内省自讼的人。还有一种人，有错误也能责备自己，却下不了决心改正，这是不能改过的人。

诚然，无论做什么事，我们都希望自己是对的。当我们得出正确的结论时，我们会感到特别高兴。但我们应该知道，在人们所做的事情中，很少有人能说哪些事情是百分之百正确或百分之百错误的。然而，不管是在学校也好，公司也好，还是从事政治活动或是在运动场上，我们所有的社会系统都只能容忍我们做出正确的事情。结果很多人都在充满防御的心理下长大，而且学会掩饰自己的错误。

其实，诚实认错，坏事可以变成好事。姑且不论犯错所需承担的责任，不认错和狡辩对自己的形象有强大的破坏性，因为不管你口才如何好，又多么狡猾，你逃避错误换得的必是"敢做不敢当"之类的评语。

人生中的七味心药

最重要的是，不敢承担的怯懦行为会成为一种习惯，也使自己丧失面对错误、解决问题和培养解决问题能力的机会。所以，不认错的弊大于利。

情景展现

1970年12月7日，时任德国总理的勃兰特以"伙伴"身份访问波兰，他此行的目的是促进两国关系的正常化。

波兰是第二次世界大战中第一个被纳粹德国以闪电战击溃的国家。据悉，在第二次世界大战期间，波兰共计死亡600余万人，其中包括300万犹太裔波兰人，当时的波兰与德国可谓仇深似海。

勃兰特在12月7日当天，首先代表德国做了一件他前任所拒绝做的事情——与波兰签订《德波协定》，承认奥德河—尼斯河为德波国界，战后首次承认了波兰的领土完整。

随后，他来到华沙犹太人殉难纪念碑前，虔诚地为当年起义的遇难者献上花圈，在摆正花圈上的挽联后，勃兰特默默地后退几步，突然双膝一曲，跪倒在了纪念碑前。

这一跪并不是计划之中的做作之举，据勃兰特事后表示，他之所以跪倒在纪念碑前，是因为语言已经失去了表现力。

这一跪在德国国内引发了强烈反响，许多人因此而指责他。

这一跪对数百万的波兰遇难者表达了无与伦比的尊重，勃兰特承担了过去、现在和未来意义上的责任，令整个世界为之动容。

这一跪，勃兰特用自己的谦卑、寻求和解的至诚，将一个崭新的、自由民主和平的德国展现在了世人面前，令德波和解掀开一页新的篇章。

40年后的同一天，2010年12月7日，当现任德国国家总统武尔夫再度来到华沙犹太人殉难纪念碑前敬献花圈时，他表示了对勃兰特的无比尊敬。他称赞，这历史性的一跪是最伟大的和解姿态。

心灵物语

勃兰特这一跪为何能够引起如此大的反响？因为他让全世界看到了自己的真诚，历史的过错并不是因他而起，但作为一国元首，他必须承担起这份历史责任。他用这一跪向波兰乃至全世界人民道出了一句最为真诚的"对不起"，他也因而得到了全世界人民的尊重。

其实，与其矢口否认，不若勇敢承担。若是大错，遮掩不住，狡辩无非是"此地无银三百两"，令人对你心生嫌恶。若是小错，用狡辩去换取别人对你的嫌恶，更划不来。

贪婪之心——生命之舟的颠覆

当你得到一个青苹果时，你是不是想得到更多，或者是得到一个红苹果？当你得到更多的红苹果时，你会不会因为没有选择其他水果而后悔？然而选择只有一个！如果你不能有效控制自己的欲望，永远不满足于已得到的，每每你得到时，就会为相应的失去感到遗憾，如此一来，快乐又何处寻找？

所以，如果你希望快乐常在，就要做欲望的主人，衡量自身的能力，从而适度地放弃一些会令你感到负累的东西。你应该为自己的得到而快乐，永远不要奢望得到的最多、最好。

正所谓"人心不足蛇吞象"，欲望是永远也填不满的沟壑，只有理性地控制欲望，放弃那些令人负累的"奢求"，你才能有所获得。

品行的修养是一生一世的事，艰苦而又有些残酷，古人尤其对品行有污染者很不愿意原谅。为人绝对不可动贪心，贪心一动良知就自然泯

人生中的七味心药

灭。良知泯灭就丧失了正邪观念，正气一失，其他就随意而变了。俗话说，吃人家的嘴软，拿人家的手短。生活中一些人抵不住"贪"字，灵智为之蒙蔽，刚正之气由此消除。在商品社会，许多人经不住贪私之诱，以身试法。"不贪"真应如利剑高悬才对，警世而又可以救人。

情景展现

相传宋仁宗年间，深泽某村，一个只有母子两个人的家庭。母亲年迈多病，不能干活。儿子王妄，30 岁，还没讨上老婆，靠割草卖草来维持生活，日子过得很苦。

这一天，王妄跟以往一样到村北去割草，无意之中，发现草丛里有一条七寸多长的花斑蛇，浑身是伤，动弹不得。王妄动了怜悯之心，将蛇带回了家，小心翼翼地为它冲洗涂药。蛇苏醒后，冲着王妄点了点头，表达它的感激之情。母子俩见状非常高兴，赶忙为它编了一个小荆篓，小心地把蛇放了进去。从此，王妄母子俩对蛇精心地护理。蛇的伤逐渐痊愈，蛇身也渐渐长大，而且总像是要跟他们说话似的，很是可爱，为母子俩单调寂寞的生活增添了不少乐趣。日子一天天过去，王妄照样打草，母亲照样守家，小蛇整天在篓里。一天，小蛇觉得闷在屋子里没意思，便爬到院子里晒太阳，让人意想不到的，蛇被阳光一照，变得又粗又长，有如大梁，撞见如此情景的王母惊叫一声昏死过去。等王妄回来，蛇已回到屋里，也恢复了原形，却用人类的语言着急地向王妄说："我今天失礼了，把母亲给吓死过去了，你赶快从我身上取下三块小皮，再弄些野草，放在锅里煎熬成汤，让娘喝下去就会好。"王妄说："不行，这样会伤害你的身体，还是想别的办法吧！"花斑蛇催促着说："不要紧，你快点，我能扛得住。"王妄只好流着眼泪照办了。母亲喝下汤后，很快苏醒过来，母子俩又感激又纳闷，可谁也没说什么，王妄再一回想每天晚上蛇篓里放金光的情形，更觉得这条蛇非同一般。

话说宋仁宗整天不理朝政，宫里的生活日复一日，没什么新样，觉得厌烦，想要一颗夜明珠玩玩，就张贴告示，谁能献上一颗，就封官受赏。这事传到王妄耳朵里，回家对蛇一说，蛇沉思了一会儿说："这几年来你对我很好，而且有救命之恩，总想报答，可一直没机会，现在总算能为你做点事了。实话告诉你，我的双眼就是两颗夜明珠，你将我的一只眼挖出来，献给皇帝，就可以升官发财，老母也就能安度晚年了。"王妄听后非常高兴，可他毕竟和蛇有了感情，不忍心下手，说："那样做太残忍了，而且你会疼得受不了的。"蛇说："不要紧，我能扛住。"于是，王妄挖了蛇的一只眼睛，第二天到京城，把宝珠献给皇帝。满朝文武从没见过这么奇异的宝珠，赞不绝口，到了晚上，宝珠发出奇异的光彩，把整个宫殿照得通亮。皇帝非常高兴，封王妄为大官，并赏了他很多金银财宝。

皇上得到宝珠后，很赏识，占为己有，西宫娘娘见了，也想要一颗，不得已，宋仁宗再次下令寻找宝珠，并说把丞相的位子留给第二个献宝的人。王妄想，我把蛇的第二只眼睛弄来献上，那丞相之位不就是我的了吗？于是到皇上面前说自己还能找到一颗，皇上高兴地把丞相之位给了他，可万没想到，王妄的卫士去取花斑蛇的第二只眼睛时，蛇无论如何不给，说非见王妄才行，王妄只好亲自来见蛇。蛇见了王妄直言劝道："我为了报答你，已经献出了一只眼睛，你也升了官，发了财，就别再要我的第二只眼睛了。人不可贪心。"王妄早已鬼迷心窍，哪里还听得进去，厚颜无耻地说："我不是想当丞相吗？你不给我怎么能当上呢？况且，这事我已跟皇上说了，官也给了我，你不给不好收场呀。你就成全了我吧！"他执意要取蛇的第二只眼睛，蛇见他变得这么贪心残忍，早气坏了，说："那好吧！你拿刀子去吧！不过，你要把我放到院子里再去取。"王妄早已等待不了，对蛇的话也不分析，一口答应，就把蛇放到了阳光照射的院子里，转身回屋取刀子。等他出来剜宝珠时，蛇身已变成了大梁一般，张着大口冲他吐气，王妄吓得魂都散了，想跑已来不及，蛇一口就吞下了这个贪婪的人。

人生中的七味心药

心灵物语

人只一念贪私，便销刚为柔，塞智为昏，变恩为惨，染洁为污，坏了一生人品。故古人以不贪为宝，所以度越一世。

很多人为身外之物殚精竭虑，不惜丧失良知，甚至是生命。殊不知，过度贪婪，会使你的生命之舟超载，无法承受住人生风浪的考验。一个生活的智者应首先懂得"适度舍弃"这个道理。

色欲之心——放纵后的大苦恼

世间流传着这样一个传说，即在很早以前男女是合体的，但是由于某种原因触怒了上天的神灵，被天雷劈成了两半。所以人的一生都在寻找他（她）的另一半，路途遥远而艰辛，有的人找到了，有的人没有找到。而电影和电视剧也常顺着这个思路不断地重复相同的情节：有个特别的人在这个世界上的某个地方正在等着自己，当我们遇到这个冥冥之中注定要和我们在一起的人时，毕生的幸福就会降临在自己身上。当我们和这个人结合在一起的时候，我们不仅彼此深爱着对方，而且会忘了别人的存在，无视于别人的魅力。

这是一个多么幼稚的想法和逻辑啊！美丽动人的女人，英俊潇洒的男士都或多或少地会在我们心中激起一丝异样的感觉。只是人是有理性的动物，应该考虑自己的责任和做人的原则，不应像飞蛾扑火一样，为了一时的冲动，就可以做出不计后果的事来。你可以"恨不相逢未嫁时"，留下一份美丽的遗憾，恢复你正常的生活；你可以把他（她）当作偶尔投影在你心波的云彩，珍藏那一美丽的瞬间，潇洒地挥手走人。当然，你也有权利重新选择，进行家庭的重新组合。你确信现在的爱人不值得你去厮守，你是否应抛开一切去找寻你的幸福？当另外一个吸引人的异性出现，你会不会再重新选择？即使你想清楚了，做出这样一种决定，也一定要正大光明地讲出来，万不可苟且行事，否则你的结果一定非常惨淡。

现实生活中，我们很可能会经受婚姻外诱惑的考验。我们彼此深爱着对方，但却有位新的异性吸引了我们的目光。这种吸引是否正常，是否道德？应该说，这种吸引是正常人的正常反应。吸引毕竟只是一种心理上的反应，它使我们产生了一种对美好事物追求的幻想。但千万不能随便把这种幻想当成可以达到的目标而不顾一切地追求，这种追求是盲目的不负责任的，尤其在婚姻感情方面，因为一时情绪冲动做出有违社会道德的事，是非常愚蠢的。结婚是一种事实，但是它不会使我们深藏的人性完全隐匿起来，对于美的追求、对于刺激的向往都是时常可能发生的事情。尽管一个人可以被成千上万不同的人喜欢，例如，很多人会因为看到自己喜欢的电影、喜欢的明星而感到兴奋，但是大多数人绝对不会为享受这种情欲的幻想而毁了自己幸福的婚姻。作为婚姻的另一方，也应该对这种情绪的产生有所准备。毕竟我们每个人不可能同时具备那些吸引人的所有要素，所以当自己的妻子或者丈夫产生这种幻想的时候，我们不要过于气愤和紧张，不要过度地干涉，而要充分相信自己，相信对方的理性，相信共同的感情基础。

客观的诱惑总是存在的，盲目逃避显然是一种胆怯，频繁地追求则是一种放纵。对于爱，我们必须抱持一个正确的心态，要正视自己的婚姻，对自己及他人负责。

情景展现

有一部好莱坞大片，名字叫作《桃色交易》，片中讲述的是一对年轻夫妇的爱情故事。这对夫妇本是令人羡慕的一对，男的英俊潇洒，女的温柔漂亮，他们都受过很好的教育，有着不错的职业，两人非常恩爱，为了小家庭而努力工作。然而天有不测风云，经济大萧条来了，他们先后失业，一个月后，也将失去他们分期付款的房子。就在此时，一位亿万富豪闯入了他们的生活，这位富豪风度翩翩、优雅迷人，他对貌美如花的女主人公一见钟情，提出愿出100万元来与她共度一个良宵。起初，这对夫妇毫不犹豫地拒绝了他，但随后却陷入巨大的矛盾之中：就一夜，即可彻底摆脱目前所有的困境；而且在婚前又不是没有过别的约会……最后女主人公去了富豪的游艇……

但在这一夜后，两人无论如何也找不回原来恩爱的感觉，再没有从前的默契，心里都有一种失落感。是女人为家庭做出了牺牲，还是没有经受住诱惑？答案已经无法深究。两人分手了，那100万元也没有带来他们渴望的喜悦。当然，影片的结尾是两人经过一番波折后，又重归于好，因为他们仍然深爱着对方。

心灵物语

若心贪女色，是欲最尤甚，女色欲烧心，后受大苦恼。现在所作业，贪欲自迷心，痴心不能觉，女欲之所迷。

其实，人生的起始都是相同的，但结局却大不一样。一些人在生命旅途中忘记了"真、善、美"，被欲望迷失了心灵，选择索取和挥霍，所以被挥霍尽的幸福再也不会回到他们身边。

愤恨之心——笼罩人生的阴影

《贤愚经》上说："常行于慈心，除去恚害想。"意在告诫世人，做人，一定要保持一颗慈爱的心，除去那些怨恨别人的想法。因为怨恨别人对自己是一种很大的损失。恶语永远不要出自于我们的口中，不管他有多坏，有多恶。你越骂他，你的心就被污染了。你要想，他就是你的善知识。既然我们不能改变周遭的世界，我们就只好改变自己，用慈悲心和智慧心来面对这一切。拥有一颗无私的爱心，便拥有了一切。根本不必回头去看咒骂你的人是谁。如果有一条疯狗咬你一口，难道你也要趴下去反咬它一口吗？

　　人是群居性生物，因此，谁都不可以孤立地生活在这个世界上。在生活中，我们很难避免与他人发生摩擦，或者是不愉快的冲突，尤其是当你感到自己遭受到不公平的待遇的时候，你是否会对他人产生敌意呢，你是否会因此而在心里对他人怀有怨恨之心呢？

　　首先可以肯定地说，当你受到了真正的不公平待遇时，你完全有理由怨恨他人，因为你是真的受了委屈。可是，请你冷静想一想，当你怨恨他人时，你从中又得到了什么呢？事实上，你所得到的只能是比对方更深的伤害。

　　你的怨恨对他人不起任何作用，反而会因内心怨恨影响自身健康，因为你的怨愤态度使你产生了消极情绪，这种消极情绪对你的健康和性情都会产生很大的负效应，从而对你造成伤害。更为严重的是，你总是想着自己受到了不公平的待遇，总是因此而极不愉快，从而也会招致更多的不愉快。

　　想想看，你是不是应该改变自己的态度呢？你要知道，我们所受到的不公，仅仅是因为我们的心里有所欲求。如果我们不看重自己心里的这份欲求，或者把这份欲求看得很淡，那么不公又从何而起呢？

　　当然，除非有特殊的原因，你不必与那些与你之间存在着嫌隙的人表现友好，但是，如果你不愿意原谅和学会遗忘，那么你也就否认了自己是一个真正的受害者。这样一来，你对他人的怨恨也就会因此而升级，你自己所受到的伤害也同样会由此而升级。

　　一只脚踩扁了紫罗兰，它却把香味留在那脚上，这就是宽恕。

人生中的七味心药

我们常在自己的脑海里预设了一些规定，认为别人应该有什么样的行为，如果对方违反规定，就会引起我们的怨恨。其实，因为别人对"我们"的规定置之不理，就感到怨恨，不是很可笑吗？

大多数人一直以为，只要我们不原谅对方，就可以让对方得到一些教训。也就是说："只要我不原谅你，你就没有好日子过。"其实，倒霉的人是我们自己：一肚子窝囊气，甚至连觉也睡不好。

当你觉得怨恨一个人时，请先闭上眼睛，体会一下自己的感觉，感受一下自己的身体反应，你就会发现：让别人自觉有罪，你也不会快乐。

一个人爱怎么做就怎么做，能明白什么道理就明白什么道理。你要不要让他感到愧疚，对他影响不大，但是却会破坏你的生活。假如鸟儿在你的头上排泄，你会痛恨鸟儿吗？万事不由人，台风带来暴雨，你家的地下室变成一片沼国，你能说"我永远也不原谅天气"吗？既然如此，又何必要怨恨别人呢？我们没有权利去控制鸟儿和风雨，也同样无权控制他人。老天爷不是靠怪罪人类来运作世界的，所有对别人的埋怨、责备都是人类自己造出来的。

即使遭逢巨变所引起的怨恨，在人性中也依然可以释怀。因为如果你希望自己好好活下去，就得抛开愤怒，原谅对方。

情景展现

曼德拉因为领导反对白人种族隔离政策的运动而入狱，白人统治者把他关在荒凉的大西洋小岛罗本岛上27年。当时曼德拉年事已高，但看守他的狱警依然像对待年轻犯人一样对他进行残酷的虐待。

罗本岛上布满岩石，到处是海豹、蛇和其他动物。曼德拉被关在总集中营一个锌皮房中，白天打石头，将采石场的大石块砸成石料。他有时要下到冰冷的海水里捞海带，有时干采石灰石的活儿——每天早晨排队到采石场，然后被解开脚镣，在一个很大的石灰石场里，用尖镐和铁锹挖石灰石。因为曼德拉是要犯,看管他的看守就有3人。他们对他并不友好,总是寻找各种理由虐待他。

谁也没有想到,1991年曼德拉出狱当选总统以后,他在就职典礼上的一个举动震惊了整个世界。

总统就职仪式开始后,曼德拉起身致辞,欢迎来宾。他依次介绍了来自世界各国的政要,然后他说,能接待这么多尊贵的客人,他深感荣幸,但他最高兴的是,当初在罗本岛监狱看守他的3名狱警也能到场。随即他邀请他们起身,并把他们介绍给大家。

曼德拉的博大胸襟和宽容精神,令那些残酷虐待了他27年的白人汗颜,也让所有到场的人肃然起敬。看着年迈的曼德拉缓缓站起,恭敬地向3个曾看管他的看守致敬,在场的所有来宾以致整个世界都静下来了。

后来,曼德拉向朋友们解释说,自己年轻时性子很急,脾气暴躁,正是狱中生活使他学会了控制情绪,因此才活了下来。牢狱岁月给了他时间与激励,也使他学会了如何处理自己遭遇的痛苦。

他说:"当我迈过通往自由的监狱大门时,我已经清楚,自己若不能把悲痛与怨恨留在身后,那么我其实仍在狱中。"

心灵物语

在这个世界上,悲痛和愤怒的人大致可以分为两种:第一种人始终生活在愤怒及痛苦的阴影下;第二种人却能得到超乎常人的同情心和深度。你选择哪种?

事实上,忘记你所受到的不公,忘记对他人的怨愤,最终最大的受益者只能是你自己。当你忘记了怨愤,学会了遗忘和原谅,你就会发现,原来你所认为的那些所谓的不公其实根本不值一提,因为它们在你的一生之中,是那么的微不足道。而你同时也会认识到,抛开对他人的怨愤之心,你所获得的快乐是你这一生都享受不尽的。

人生中的七味心药

明鉴之心——贵在有自知之明

据说，在古希腊神庙——阿波罗神庙的墙壁上，刻有这样一句箴言："认清你自己。"在中国，同样有一句古话："人贵有自知之明。"由此可见，早在几千年以前，先辈们就已经达成共识，将"认清自己"视为人类的最高智慧了。

日本"经营之神"松下幸之助认为，人类应该正确评价自己。能够做出正确判断是一种幸运，如果一个人对自己的评价有误，做了不可做、不该做之事，就会使社会秩序发生混乱。所以，人类对于社会的第一义务是判定自己的价值，也就是要正确地认识、评价自己，这是很重要的。

松下常常自问："我到底有多少力量？""我的情况究竟如何？"他认为，虽然要完全认清自己比较困难，但心里常常抱有"认清自己"的心态，就会很大程度地减少失误。出于这种心态，若有人告诉他"这行业能赚钱，你可以做"，他是绝不会轻易尝试的，因为自己没有力量、没有人才、没有资金，即使具备以上条件，他也会在考虑是否影响其他事业之后，再做出决定。他曾说道："经营事业绝不可勉强，不要去违背大自然规律，而要将自己融入宇宙、融入大自然之中，这才是人类的正常形态。这样的结果所显露出的，才是社会上所谓的成功、成就，或是亿万富翁吧！"

"如果将宝物放错地方，那它就是废物！"

一个人无论有多大的才能，若没有找到合适的发挥场所，就注定要失败。站在人生的十字路口上，当我们面对选择时，首先必须对自己形成一个正确的认知，及时调整自己的奋斗目标和行动步骤，只有这样，我们才能不断地接近成功。

反之，若是脱离基本事实，过高或过低地评估自己，为自己确立一个不切实际的定位，就只能重复着错误的选择，到头来自食苦果。

情景展现

某日清晨，一只小山羊来到栅栏外，它想吃园内的白菜，可栅栏缝隙太小根本无法进入。这时，它不经意间瞥见了自己的影子，在阳光的斜射下，它的影子显得很长、很长……

"原来我竟如此高大，何必非要吃这白菜呢？我可以去吃树上的果子。"

小山羊奔向远方的一片果园，尚未到达目的地，日已近午，阳光照在头上，它的影子缩成了很小的一团。

"唉，我这么矮小，看来是没法吃到果子了，不如回去吃白菜吧。"但片刻之后，它又转悲为喜："我现在这么苗条，钻进栅栏肯定不成问题！"

待回到栅栏外时，日已偏西，小山羊的影子再度被拉长。

"我为什么要回来？我不比长颈鹿矮，吃树上的果子毫不费力！"

就这样，小山羊往返于果园、栅栏之间，直至天黑仍然饿着肚子……

心灵物语

"认清自己"，很简单的一句话，很浅显的一个道理，每个人都在说，多少人都在做，然而时至今日，又有几人能够真正认清自己呢？所谓"不识庐山真面目，只缘身在此山中"，认清自己之难，难就难在人的主观性，尤其是对于那些自我感觉良好、盲目自信的人而言，更是如此。

认清自己，这是实现目标不可或缺的一个前提，纵然我们不能左右命运，但一定要知晓命运，你才能够释放出最大的能量，如此一来，成功离我们必然不会太远。

自省之心——人生智慧的源泉

曾子说："吾日三省吾身。"苏格拉底说："没有经过审视和内省的生活不值得过。"可见，一个人能够做到"自省"是难能可贵的，假如一个人能够做到随时反省自己，那么也许他的生活会变得更加有意义。

那么何为自省？自省简单一点说就是自责后的惊醒，是一种认识到错误以后的明白，是一种经过思考后的觉悟。一个不懂自省的人，过去之事，他尚不知正误；现在之事，他处险不察。这样的一个糊涂人，他的人生岂能不平庸，又岂能不困顿？

其实，我们每一个人就好像是一块天然玉石，需要不断地用刀去雕琢，把身上的污垢去掉。虽然这一过程显得有些沉痛，但是雕琢后的玉石才能够光彩照人、身价倍增。

"人贵有自知之明"。一个人要想获取前进的不竭动力，就必须不断反思自己。无论任何人，都要在做完事情之后，好好反省自己，时刻自我反省，只有这样你才能够把事情做到最好。假如你不能及时反省自己的错误，到头来只会错上加错，走上一条失败的不归路。

一个人只有不停地进行自我反省，才能走得更远，才能够在人生的旅途中不至于迷失方向，才能够不断提升自己的人生境界。

情景展现

古时齐国有个叫邹忌的人，他身高八尺有余，长得星眸皓齿，一表人才。

一天早晨，邹忌起床、穿戴整齐以后，一边照镜子一边问自己的妻子："我与城北的徐公相比，哪一个更好看？"妻子闻听此言，毫不犹豫地回答："当然是您了，徐公怎么能比得上您呢？"

邹忌口中的城北徐公是齐国当时有名的美男子。邹忌不相信自己会比徐公更好看，于是又问他的小妾："我与城北的徐公相比，谁更好看？"小妾忙说："徐公怎么能和您相比啊，当然是您了！"

翌日，有客人来访，其目的是为求邹忌办事。邹忌与他寒暄过后，突然问道："我与徐公相比，谁更好看？"客人连忙答道："徐公不如您美。"

又过了一日，徐公来访邹忌，邹忌仔细端详对方的相貌，自认貌不如徐公。徐公走后，邹忌又照镜子仔细端详自己，更觉得自己无法与人家相提并论。于是，当天晚上邹忌躺在床上便开始琢磨起这件事来，最后他得出结论："妻子认为我更好看，是因为偏爱我；小妾认为我更好看，是因为惧怕我；客人认为我更好看，是因为有求于我。"

于是，他来到朝堂拜见齐威王，说道："我自知自己貌不及徐公，妻子、小妾、客人赞我比徐公美，是因为一个偏爱我、一个惧怕我、一个有求于我。如今齐国沃野千里，辖一百二十座城池，宫中嫔妃和身边的亲信，没有不偏爱您的；朝中的大臣没有不惧怕您的；全国的老百姓没有不有求于您的。由此看来，大王您受蒙蔽很深哪！"

齐威王听后下旨："所有大臣、官吏、百姓若能当面指责我的过错，可得到上等奖赏；上书劝谏我的，可得到中等奖赏；在公共场所批评、议论我的过失，传到我耳朵中的，可得到下等奖赏。"此命令刚一公布，群臣便纷纷前来进谏，好一番门庭若市的景象。而几个月后，则只是偶尔有人前来进谏；过了一年以后，齐国人就是想进谏也没什么可说的了。

此后，齐国君、臣、民上下一心，国势渐强，燕、赵、韩、魏等诸侯国纷纷前来齐国朝见。这就是人们所说的在朝廷上战胜敌国。

心灵物语

人非圣贤，孰能无过？君子亦难免会有瑕疵。须知，"过也，人皆见之，及其更也，人皆仰之"。

人生需要自省，因为世人常为利益所魅惑，在错误的沼泽中越陷越深，而自省恰可以使人明得失、衡利弊、知进退。那些人生平庸乃至困顿的人，往往就是缺乏自省，又或者他们从不自省。

忏悔之心——重归正途的开端

在日常生活中，我们在有心无心之间不知做错了多少事情，说错了多少言语，动过多少妄念，只是我们没有觉察罢了。所谓"不怕无明起，只怕觉照迟"，这种从内心觉照反省的功夫就是忏悔。忏悔在生活上有什么作用呢？它能帮助我们什么？第一，忏悔是认识错误的良心；第二，忏悔是去恶向善的方法；第三，忏悔是净化身心的力量。

人无忏悔之心便无药可医，佛家认为："人有时因无知而犯罪，或因愤恨，或因误会而犯罪。事后，自知无理，来求忏悔谢罪，此人确是难得，有上德行，但受者反不肯接受其忏悔，必欲报复。如果是这样的话，那么犯罪者已无罪，而不接受忏悔者，反成为积集怨结之人。"

当我们的心受到染污的时候，要用清净忏悔的净水来洗涤，才能使心地没有污秽邪见，使人生有意义。

忏悔是重新认识和评价自我、重新更迭和安顿自我的一种非常重要的途径。忏悔的意思是"承认错误"，但是承认错误之后，还要负起责任，准备承受这个错误所带来的一切后果，这才是忏悔的功能。

在日常衣食住行的生活中，有了忏悔的心情，就能得到恬淡快乐。好像穿衣时，想到"慈母手中线，游子身上衣"的古训，想到一针一线都是慈母辛苦编织成的，那密密爱心多么令人感激！这样一想一忏悔，布衣粗服不如别人美衣华服的怨气就消除了。吃饭时，想到"一粥一饭来之不易"，粒粒米饭都是农夫汗水耕耘，我们何德何能，岂可不好好珍惜盘中餐？惭愧忏悔的心一生，粗食淡饭的委屈也容易平息了。住房子，看到别人住华厦美居，心生羡慕，要想想"金角落，银角落，不及自家的穷角落"，觉得有一间陋室可以栖身、可以居住，那总要比多少流落街头、躲在屋檐下避风雨的人好得多了，忏悔心一发，自然住得安心舒适了。出门行路，看到别人轿车迎送，风驰电掣好不风光，但想到别人得到这些，不知要熬过多少折磨，吃过多少苦楚，是心血耕耘得来的，而自己还努力不够，功夫不深，自然应该安步当车，这样，也就洒脱自在了。

一念忏悔，使我们原本缺憾的生活，突然时时风光，处处自在，变得丰足无忧了，这就是能够常行忏悔的好处。

忏悔是我们生活里时刻不可缺少的一种言行。忏悔像法水一样，可以洗净我们的罪孽；忏悔像船筏一样，可以运载我们到解脱的彼岸；忏悔像药草一样，可以医治我们的烦恼百病；忏悔像明灯一样，可以照亮我们的无明黑暗；忏悔像城墙一样，可以保护我们的身心六根。《菜根谭》里说："盖世功德，抵不了一个矜字；弥天罪过，当不了一个悔字。"犯了错而知道忏悔，再重的过错也就有了改正的开端。

情景展现

佛家有这样一个故事。

悟明与悟静一同听道。禅师正讲"不杀生"的戒律，坐在悟静身边的一个魁伟的大汉悄悄对悟静说："我是一名刽子手，可是我知道我罪恶深重，想改恶从善。我还能修道吗？"

悟静重重地点了一下头，道："能！"

在回家的路上，悟明责怪悟静，说："你为什么骗那个刽子手？他杀了那么多人，明明要受到报应入地狱的！"

悟静反问："你能成佛吗？"

悟明想了想，道："应该可以。"

悟静问："你每天喝水吗？"

悟明有些茫然，但还是回答说："当然。"

"你知道一口水中有多少生灵吗？"

"佛说，一口水有八万四千条生灵。"

"它们杀过人吗？"

"没有。"

"它们抢过钱财吗？"

"没有。"

"它们打劫放火吗？"

"没有。"

"那么你每天随意残杀无辜生灵尚能成佛，他如何不能修道呢？"

心灵物语

菩萨和众生的差别，在于菩萨能高瞻远瞩，眼光看得远大，不会迷惑于一时的贪欲，造作万劫不复的恶因；而众生短视浅见，只看到刀锋上甜美的蜜汁，却全然不顾森寒锐利的锋刃。等到蜜汁尝到了，舌头也割破了的时候，已经种下无尽的恶因，结成无法弥补的苦果，后悔莫及了。人生短暂，我们应早向圣贤看齐，趁着年轻力壮的时候勤奋开垦，创造自己光明而美满的人生。

第二篇
心不善,生祸患:翦灭心内魔障

　　心善者不矫柔、不造作、不冷血、不冷漠,他们总是在别人受难之时心甘情愿地伸手相助。他们的善良是一种自觉的付出,不掺杂利益关系与尔虞我诈。所以,他们总是活得那般充实与快乐,不似为恶者那般"做贼心虚",终日在惶恐中度过。

善恶就在一瞬间

人之善恶，犹如人之生死，是与生俱来的。

人之行动，受控于意念。善念能助你修身养性，变得慷慨、乐观，令你的身心得到升华；恶念只会令你趋向邪恶、贪婪，放纵无度，最终万劫不复！

所以，当念头起时，就应该有所思索、有所觉悟，明辨是非、判断善恶。

善与恶往往只在一念之间，虽然二者截然不同，但往往互不排斥地存在于同一颗心中，而主宰它们的，正是你的思想和觉悟。

赫拉克利特说过："神就是生命和死亡、夏天和冬天、饥饿和饱足、善和恶。它一直都是两者，神就是真实的存在。"

其实我们每个人本来没有恶也没有善。善恶是孪生兄弟，是互相对立而成立的。当我们弃绝了恶时，恶的对立面善也就不复成立了。

倡导善良，只是为了让我们以最小的成本进行生活；以恶相报自然是恶恶相报成本陡然增大。奉行善心善行，其实是减少人生成本，让我们好过一些，这并非就是真理本身。

所以，禅要求我们超越于善恶这种分别心之上，直接明白我们心灵的真实情况，如此才是契入禅机的要点。

情景展现

六祖慧能辞别了五祖，开始向南奔去。过了两个半月，到达大庾岭。后面追来了数百人，欲夺衣钵。有一名叫慧明的僧人，出家前是四品将军，性情粗暴，极力寻找六祖，他抢在众人前面，赶上了六祖。

六祖不得已，将衣钵放在石头上，说："这衣钵是传法的信物，怎么能凭武力来抢呢？"然后隐藏在草莽中。

慧明赶来拿，却无论如何也拿不动法衣。于是他大声喊道："行者，行者，我是为得到佛法而来，不是为此法衣而来。"

六祖就从草间出来，盘坐在石头上。慧明行礼后说："望行者能为我说说佛法。"六祖说："既然你是为了佛法而来，那你就摒弃一切俗念，不要再有任何念头，我为你说法。"

慧明静坐了良久，六祖说："不思善，不思恶，现在这个时候，哪个是明上座的本来面目？"

慧明听了，顿时大悟。

心灵物语

"善与恶在川流中是混杂的。但是，每个人都在他的生活过程中改造自己的血液。"

一个人可以在一念之间变成上帝也可以变成魔鬼，那是因为人性中本就存在光明与黑暗的两面。当妄念太过执着时，人便舍弃了光明的那一面，而走向黑暗。其结果也必将是黑暗的。人生如过眼云烟，最终必是一切成空。为恶一生所得的所有益处都无法带走。只有以无所希求之心培养善心善行，方能得到"极乐"的赠与。以无所希求之心培养善心善行，则可以无挂无碍，享受上佳的生活境界了。

为善最美

善良是人性光辉中最美丽、最暖人的一缕。没有善良、没有一个人给予另一个人的真正发自肺腑的温暖与关爱，就不可能有精神上的富

第二篇　心不善，生祸患：翦灭心内魔障

43

有。我们居住的星球犹如一条漂泊于惊涛骇浪中的航船，团结对于全人类的生存是至关重要的，我们为了人类未来的航船不至于在惊涛骇浪中颠覆，使我们成为"地球之舟"合格的船员，我们应该培养成勇敢的、坚定的人，更要有一颗善良的心。

许多善良的人们为了世界和平、公民的平等，不断地努力争取；在国内的贫困地区，有些老师为了适龄儿童不再失学，用他们微弱的身躯、微薄的收入，支撑着一个村乃至几个村的教育；为了拯救病中的生命，许多不相识的人捐献爱心等，这一切无不体现着人们的善良，人类的前景也因人们的善良充满着希望。

情景展现

传说某人以捕鱼为生，并与一水鬼交好，但他并不知道水鬼的真实身份。他每天捕到不少鱼，还有人陪他聊天，这让渔夫很高兴。

这一天，收完网，水鬼又和往常一样来找渔夫了。他对渔夫说："实话告诉你，我不是人，而是一个水鬼，你每天能捕到这么多的鱼，是因为我在水下帮你。不过，明天我就要走了，因为明天会有一个人拎着一包药从河中蹚过，我把他拉下水，让他替我，我就去投胎了。"

第二天，渔夫果然看见一个年轻人手拿着药从此经过，但他并没有沉入河底。"咦！真奇怪，水鬼不是说要他做替身吗？"渔夫很是纳闷。

傍晚，水鬼来了，渔夫忙问缘由。水鬼答道："我见他家中还有一位古稀老母，他是为母亲抓药路过此地的，淹死他不等于淹死两条人命吗？我实在于心不忍。不过，明天会有一个顶锅的人从此经过，我拿他做替身。"

翌日，顶锅的人又平安地过了河。水鬼对渔夫解释说："这个人顶着一口锅要回家，如果把他淹死了，那他一家人还靠什么吃饭呢！我还是不忍心。好在明天会有一头母猪过河，我就拿这个牲畜做替身吧。"

可是，就连这头母猪也安然地过河而去了，渔夫怎么也想不明白，水鬼说:"这头母猪的肚子怀着十多个小猪崽,我如果将其淹死,不等于一下子害了十几条性命吗?我实在下不去手。"

水鬼的善良感动了上苍,天帝决定让他离开冰冷的水中,升任为该地的城隍。

心灵物语

慈悲的心肠一定能为别人和自己带来幸运,善有善报是千古不变的道理。

一个人假若没有善良,他的聪明、勇敢、坚强、无所畏惧等品质越是卓越,将来对社会构成的危险就越可怕。社会上有一些人,到处献爱心,并能自始至终坚持自己善良的心,到处播撒善良的种子,一时被人认为是傻瓜。最后,人们才发觉这才是真正的大智慧,是一个无法用金钱来衡量的精神富豪。

点燃那盏生命之灯

无论做人还是做事,与人为善都是一个最基本的出发点。而可悲的是,有一些人竟然错把善良当作迂腐和犯傻。这些人自以为聪明,其实是身在苦中不知苦。所谓"苦海无边,回头是岸",让我们做一个善良的人,这是我们做人的底线。因为好人一生平安,因为善良这种品质正是上天给我们的最珍贵的奖赏。

其实,你怎样对待别人,别人就会怎样对待你;你怎样对待生活,生活也会以同样的态度来对你进行回报。

譬如,当你在为别人解答难题的同时,也让自己对于这个问题有了

人生中的七味心药

更进一步的理解；当你主动清理"城市牛皮癣"时，不仅整洁了市容，也明亮了自己的视野……诸如此类，不胜枚举。

你要知道，一个自私自利、从不考虑他人的人，只会让自己众叛亲离。没有了人脉的支撑，你的人生之路只会越走越窄。

所以，当黑暗来临时，不妨点一盏灯，不为别人，只为自己，但为自己的同时却也是为了他人。不要吝啬于自己的善行。当你点燃那盏照亮的灯时，受益的不仅是路人，而且还有你自己。任何时候的善行都将使你受益。

情景展现

漆黑的夜晚，一个远行寻佛的苦行僧到了一个荒僻的村落中。漆黑的街道上，村民们你来我往。

苦行僧走进一条小巷，他看见有一团晕黄的灯光从静静的巷道深处照过来。一位村民说："瞎子过来了。"

瞎子？苦行僧愣了，他问身旁的一位村民："那挑着灯笼的人真是盲人吗？"

他得到的答案是肯定的。

苦行僧百思不得其解。一个双目失明的盲人，他根本就没有白天和黑夜的概念，他看不到高山流水，也看不到桃红柳绿的世间万物，他甚至不知道灯光是什么样子的，那他挑一盏灯笼岂不可笑吗？

那灯笼渐渐近了，晕黄的灯光渐渐从深巷移游到了僧人的鞋上。百思不得其解的僧人问："敢问施主真的是一位盲者吗？"

那挑灯笼的盲人告诉他："是的，自从踏进这个世界，我就一直双眼混沌。"

僧人问："既然你什么也看不见，那为何挑一盏灯笼呢？"

盲者说："现在是黑夜吗？我听说在黑夜里没有灯光的映照，那么满世界的人都和我一样什么也看不见，所以我就点燃了一盏灯笼。"

僧人若有所悟地说:"原来你是为了给别人照明。"

但那盲人却说:"不,我是为自己!"

"为你自己?"僧人又愣了。

盲人缓缓向僧人说:"你是否因为夜色漆黑而被其他行人碰撞过?"

僧人说:"是的,就在刚才,我还不留心被两个人碰了一下。"

盲人听了,深沉地说:"但我却没有。虽说我是盲人,我什么也看不见,但我挑了这盏灯笼,既为别人照亮了路,也让别人看到了我。这样,他们就不会因为看不见而碰撞我了。"

苦行僧听了,顿有所悟。他仰天长叹说:"我天涯海角奔波着找佛,没有想到佛就在我的身边。原来佛性就像一盏灯,只要我点燃了它。即使我看不见佛,佛也会看得到我。"

心灵物语

爱是心中的一盏明灯,照亮的不仅仅是你自己。对于一个盲人而言,黑夜与白昼何来区别?然而,灯笼的光线虽然微弱,却足以让别人在黑暗中看到他的存在。他的善行照亮了别人,同时也照亮了自己,这看似有悖常理的行为,才是人生中的大智慧。

所以,在生命的夜色中,请为别人也为自己点燃那盏生命之灯吧,如此,我们的人生将会更加的平安与灿烂!

让内心有爱

爱对我们而言是无价之宝,透过爱,我们可以给予需要爱的人温暖。爱与被爱的人,比远离爱的人幸福。我们付出越多的爱心,就会得到越多爱的回报，这是永恒的因果关系。

对于爱的定义因人而异，爱不是为了满足私欲而依恋某人或某物。爱应该是不间断地自我牺牲，对万物充满慈悲。

释迦牟尼曾说，让人们不再相互欺骗，不再互相轻视，在愤怒或意志薄弱时，也不会相互伤害。爱就如母亲一般，即使是冒着生命危险，也会极力保护她唯一的孩子。所以，要让人们培养无止境的爱心。

爱犹如泥土，使万物生长。它丰富了人类的生命，不给予丝毫的限制和牵绊。爱提升了人性。爱无须花费分毫，爱应该是没有选择性的。或许有些人会认为爱是一种获得，但它基本上是一种付出的过程。

"慈心，是亲爱和好的心，希望他人有幸福，是无量心、是大丈夫心。要做什么事，都要有爱心；要说什么话，都要有爱心；要想什么事，都要有爱心。这样做，爱心会支持着世界，会使世界有福乐、和敬同住、不相疑忌、不相仇视。这样，全世界会美好起来，一切众生，亦都是很安乐的。"

寻找四周比你不幸或不健康的人，然后尽一己之力去帮助他们。我们应该不断地培养仁慈心、爱心和善意。凡是世上的人皆有被欺骗的经历，你也不例外。假如你被人欺骗时，不用感到羞愧或侮辱，但是，假如你欺骗他人，就是件可耻的事。有时，你所在乎的人似乎对你漠不关心，你会因此感到心情沉重。但是，这不是沮丧的好借口。既然你坚信你对他人怀有慈悲心，别人的忘恩和不在乎无关紧要。对那些对不起你的人，千万不要存有报复之心。

情景展现

马秀英在成为皇后以后，并没有像有些人那样显露出"暴发户"本性，而是以身作则，竭力辅佐夫君治理天下。对待自己及子女，她要求甚严，而对待下属臣民则仁慈有加，能容则容。

马秀英虽贵为皇后，但每天仍亲自操持朱元璋的膳食。连皇子皇孙的饭食穿戴，她也会亲自过问，可谓无微不至。嫔妃多劝她保重身体，别太劳累，马皇后对嫔妃说："事夫亲自馈食，从古到今，礼所宜然。且主人性厉，偶一失饪，何人敢当？不如我去当中，还可禁受。"一次进羹微寒，太祖因服膳不满而发怒，举起碗向马皇后掷去，马皇后急忙躲闪，耳畔已被擦着，受了微伤，更被泼了一身羹污。马皇后热羹重进，从容易服，神色自若。嫔妃才深信马皇后所言，并深深为马皇后的道德人品折服。宫人或被幸得孕，马皇后倍加体恤。嫔妃或忤上意，马皇后则设法从中调停。

有人报告参军郭景祥之子不孝，"尝持槊犯景祥"，差点儿将景祥打死。太祖听后大怒，欲将其正法。马皇后得知后劝朱元璋说："妾闻景祥只有一子，独子易骄，但未必尽如人言，须查明属实，方可加刑。否则杀了一人，遽绝人后，反而有伤仁惠了。"于是朱元璋派人调查，果然冤枉。朱元璋叹道："若非后言，险些断绝了郭家的宗祀呢。"

朱元璋的义子李文忠守严州时，杨宪上书诬劾，朱元璋想召回给予处罚，马皇后认为："严州是与敌交界的重地，将帅不宜轻易调动，而且李文忠一向忠实可靠，杨宪的话，怎能轻易相信呢？"太祖向来敬重信赖马皇后，就派人去严州调查，果然不实，文忠于是得以免罪。

某元宵灯节，朱元璋与刘伯温偶来兴致，下访京城灯会。行至一商铺门前，朱、刘二人见众人在猜灯谜，好不热闹，便凑上前去。其中一幅有趣的图画谜面，引起了朱元璋的注意。画中是一妇人，怀抱西瓜，一双大脚颇为醒目。朱元璋不解其意，便问刘伯温："此谜何解？"刘伯温略作沉吟，答道："此乃淮西大脚女人。"朱元璋仍不解，追问："淮西大脚女人是谁？"刘伯温不敢直言，于是说道："陛下回宫后问皇后娘娘便知。"

回宫后，朱元璋迫不及待地向马皇后提及此事，马皇后讪然一笑："臣妾祖籍淮西，又是天足，此谜底想必就是臣妾。"朱元璋闻言大怒："乡野草民竟敢调侃一国之母！"遂下旨将挂此灯谜的那条街居住的百姓全部抄杀。马皇后见状急忙劝解："元宵佳节，万民同乐，臣妾本是天足，说说又有何妨？区区小事，何足动怒？以免惹得天下人耻笑。"

朱元璋听后，深以为是，此事遂得以作罢。

此类事情还有很多，也正因如此，马秀英深受满朝上下以及黎民百姓的爱戴，天下无不尊敬，后世更是将其称为"千古第一贤后"。

心灵物语

一个有爱的人会拥有慈悲心。爱心和善意扩大并不意味着赠与，而是表现慷慨和有礼的精神。善意是一种盲人可见到、聋者可听到的美德。

当内心有爱时，四周将环绕着光明。当内心有爱时，每一句话都含有欢乐的气氛。当内心有爱时，时光将轻缓、甜蜜地流逝。

用慈悲的眼神看待万物、用慈悲的口舌随喜赞叹、用慈悲的双手常做善事，我们将得到永久的祝福。

与人为善，就是与己为善

与人为善来源于高尚。"人心本善""只要人人都献出一点爱，世界就会变成美好的人间"……有了这样的情操，人们的行动才有了指南，人生杠杆才有了支点，理想大厦才有了精神支柱。市场经济，红尘滚滚，似乎地位、金钱、利益决定一切。于是，有的人便认为与人为善的精神已变得陈旧而失去了光泽。其实，人们需要善良，世界需要善良，你自己也需要善良。

佛经中说："别人对我有一点点恩德，就应想着怎样大大地回报他。对怨恨自己的人，要总是怀着善心。"这是教人行善事、做善人的箴言。

中国有句处世之道的古话叫："与人为善。"是说人不论到什么时候，都要以善的一面对待别人。与人为善是人际交往中一种高尚的品德，是智者心灵深处的一种沟通，是仁者个人内心世界里一片广阔的视野。它可以为自己创造一个宽松和谐的人际环境，使自己有一个发展个性和创造力的自由天地，并享受到一种施惠于人的快乐，从而有助于个人的身心健康。

与人为善并不是为了得到回报，而是为了让自己活得更快乐。与人为善其实极易做到的，它并不要你刻意去做，只要有一颗平常的心就行了。

现实生活中，有些人不讨人喜欢，甚至四面楚歌，主要原因不是大家故意和他们过不去，而是他们在与人相处时总是自以为是，对别人随意指责，百般挑剔，人为地造成矛盾。只有处处与人为善，严以责己，宽以待人，才能建立与人和睦相处的基础。在很多时候，你怎么对待别人，别人就会怎么对待你。这就教育我们要待人如待己。在你困难的时候，你的善行会延伸出另一个善行。

情景展现

日已西沉，一个贫穷的小男孩因为要筹够学费，而逐户做着推销，此时，筋疲力尽的他腹中一阵作响。是啊，已经一天没吃东西了！小男孩摸摸口袋——那里只有1角钱，该怎么办呢？思来想去，小男孩决定敲开一家房门，看能不能讨到一口饭吃。

开门的是一位年轻美丽的女孩子，小男孩感到非常窘迫，他不好意思说出自己的请求，临时改了口，讨要一杯水喝。女孩见他似乎很饥饿的样子，于是便拿出了一大杯牛奶。小男孩慢慢将牛奶喝下，礼貌地问道："我应该付多少钱给您？"女孩答道："不需要，你不需要付一分

人生中的七味心药

钱。妈妈时常教导我们，帮助别人不应该图回报。"小男孩很感动，他说："那好吧，就请接受我最真挚的感谢吧！"

走在回家的路上，小男孩感到自己浑身充满了力量，他原本是打算退学的，可是现在他似乎看到上帝正对着他微笑。

多年以后，那位女孩得了一种罕见的怪病，生命危在旦夕，当地医生无能为力。最后，她被转送到大城市，由专家进行会诊治疗。而此时此刻，当年那个小男孩已经在医学界大有名气，他就是霍华德·凯利医生，而且也参与了医疗方案的制定。

当霍华德·凯利医生看到病人的病历资料时，一个奇怪的想法，确切地说应该是一种预感直涌心头，他直奔病房。是的！躺在病床上的女人，就是曾经帮助过自己的"恩人"，他暗下决心一定要竭尽全力治好自己的恩人。

从那以后，他对这个病人格外照顾，经过不断地努力，手术终于成功了。护士按照凯利医生的要求，将医药费通知单送到他那里，他在通知单上签了字。

而后，通知单送到女患者手中，她甚至不敢去看，她确信这可恶的病一定会让自己一贫如洗。然而，当她鼓足勇气打开通知单时，她惊呆了。只见上面写着：医药费——一满杯牛奶——霍华德·凯利医生。

心灵物语

孟子曾经说过："君子莫大乎与人为善。"善待他人是人们在寻求成功的过程中应该遵守的一条基本准则。在当今这样一个需要合作的社会中，人与人之间更是一种互动的关系。只有我们去善待别人、帮助别人，才能处理好人际关系，从而获得他人的愉快合作。那些慷慨付出、不求回报的人，往往更容易获得成功。

总之，善待他人就是善待自己。如同我国有句古语说的那样："授人玫瑰，手留余香。"

每天为别人做一件善事

人与人之间应该是相互关怀、相互帮助的，任何人都不可能脱离社会而生存。当别人需要帮助时，我们应该怎么办，是漠视，还是给予一些热情？

正所谓"爱人者人恒爱之"。若是我们能够对生活充满感恩，一直以友好的态度对待他人，常怀善心，多替别人做善事，则我们的人生必定是幸福的。

相反，心无他人者，必无立锥之地，因为脱离人群，任谁也无法成就一番事业。

每天为别人做一件善事，你一定会寻找到生活的另一种意义；每天为别人做一件善事，在你向别人表达善意的同时，他们也会给予你相应的回报，你亦会因此而收获快乐，有时，甚至会得到意想不到的收获。

在平常的日子里，给马路乞讨者一块蛋糕；为迷路者指点迷津；用心倾听失落者的诉说……这些看似平常的举动，却渗透着朴素的爱，折射着来自灵魂深处的人格光芒。助人就是助己，这样做了，相信你一定能够体会到它的妙处。

情景展现

以前有一位国王，他非常疼爱自己的儿子。源于父亲的权力，这位年轻王子向来没有一件欲望不能得到满足，真可谓要风得风、要雨得雨。然而，即便如此，王子却时常紧锁眉头，面容戚戚，少现笑容于脸上。

人生中的七味心药

国王对此忧心忡忡，遂下旨招募能人，声明谁能让王子得到快乐，就一定会予以重赏，要官亦可，要钱也无妨。圣旨刚一公布，便引来众多"能人"，这其中包括滑稽大师、杂技大师、博学者等，但始终没有一人能够逗得王子一笑。众人束手无策，唯有灰溜溜地一一离去。

有一天，一个大魔术家走进王宫，他对国王说："我有方法能使王子快乐，能将王子的戚容变作笑容。"国王很高兴："假使能办成这件事，你要任何赏赐，我都可以答应。"

魔术家用白色"不明物"在一张纸上涂抹了几笔。随后，他将那张纸交给王子，让王子走入一间暗室，然后燃起蜡烛，看看纸上会出现什么。话一说完，魔术家便走了。

这位年轻王子依言而行。在烛光的映照下，他看见那些白色的字迹化作美丽的绿色，最后变成这样几个字："每天为别人做一件善事！"王子遵从魔术家的劝告，很快成了全国最快乐的少年。

心灵物语

一念之间，种下一粒善因，他日很有可能就会收获一颗善果。我们做人没有必要太过计较，与人为善，又何尝不是与己为善？当我们为人点亮一盏灯时，是不是同时也照亮了自己？当我们送人玫瑰之时，手上必然还散发着那缕芬芳。

一分给予一分收获

当"给予"一词出现时，获得也就伴随而生了。给予与获得是一对双胞胎兄弟，世间的一切有了给予，相应就存在获得，当给予彻底消

54

失时，获得也就不复存在了。

人人都想获得，却往往忽视了这样一个真理——有付出才会有回报！若是将获得比作浩瀚宇宙中一颗璀璨绚丽的明星，那么，给予便是通天之梯，只有爬上这座梯桥，才能伸手摘下星星。正所谓"一分耕耘一分收获"，当你真正懂得了给予，获得才会伸展开它看似吝啬的翅膀，向我们飞来。

天空将怀中的乌云化为甘露，滋润了万物，给予了万物生命之源，才获得了金色的光芒、无边的湛蓝以及绚丽的彩虹。给予是人性中光辉的一面。人只有怀着一颗真挚的爱心面对生活，他才能够感受到生活中的美好和希望，同时也会得到别人的关爱和帮助。那么他能不快乐吗？所以选择了给予就等于选择了快乐。

一个人的人生价值和真实幸福，不能仅仅囿于个人的一管之见、一私之利，要关爱别人、帮助别人，要"先天下之忧而忧，后天下之乐而乐"。

只有这样的心志和心态，人生才能抵达一种高尚而神圣的境界。如此才能得到无比的快乐。

帮助他人正是生命的本质。为他人尽力，也即为自己尽力；一个人在帮助别人时，无形之中就已经投资了感情，别人对于你的帮助会永记在心，只要一有机会，他们也会主动帮助你的。

所以，你会因为帮助了别人而被别人放置在一个温暖的环境中，享受给予之后的快乐。

情景展现

有位国王想励精图治，他觉得如果有三件事能够解决，则国家立刻可以富强。第一，如何预知最重要的时间；第二，如何确知最重要的人物；第三，如何辨明最紧要的任务。于是群臣献策说，把时间支配得正确，最好是列表；国家最重要的任务是培养教师或科学家；而当务之急

人生中的七味心药

是弘扬科学与严明法律。

国王对这些答案都不满意。他去问一位高僧，高僧正在垦地，国王问他这三个问题，恳求高僧的忠告，但高僧并没有回答他。这位高僧挖土累了，国王就帮他的忙。天快黑时，远处忽然跑来一个受伤的人。于是国王与高僧把这个受伤的人先救下来，裹好了伤，抬到高僧家里。翌日醒来时，这位伤者看了看国王说："我是你的敌人，我昨天知道你来访问高僧，我准备在你回程时截击，可是被你的卫士发现了。他们追捕我，我受了伤逃过来，却正遇到你。感谢你的救助，我不再是你的敌人了，我要做你的朋友。"

国王再去见高僧，还是恳求他解答那三个问题。高僧说："我已经回答你了。"国王说："你回答了我什么？"高僧说："你如不怜悯我的劳累，因帮我挖地而耽搁了时间，你昨天回程时，就被他杀死了。你如不怜恤他的创伤并且为他包扎，他不会这样容易地臣服你。所以你所问的最重要的时间是'现在'，只有现在才可以把握。你所说的最重要的人物是你'左右的人'，因为你立刻可以影响他。而世界上最重要的是'爱'，没有爱，活着还有什么意思？"

心灵物语

或许，给予微不足道，但并非每个人都能做到。对着镜子哭，它亦会对你哭，对着镜子笑，它当然对你笑。你给予生活什么，它就会带给你相应的回报——给予的是爱，获得的便是爱；给予的是恨，获得的亦是恨。世界就是如此公平，你只有给予别人珍贵的东西，才能获得更加珍贵的所有。

济人于危难

明"还初道人"洪应明在《菜根谭》一书中这样写道："千金难结一时之欢，一饭竟致终身之感。盖爱重反为仇，薄极翻成喜也。"其意为：以千金重礼去馈赠别人，有时亦未必能够打动人心，换得一时欢喜；相反，有时仅仅是一碗饭的恩惠，却能令人感恩戴德，须臾不忘。之所以会如此，是因为有时爱过了头就会成为仇恨，而小恩小惠只要给的是时候，就足以讨人欢心。

古人云："受人滴水之恩，当涌泉相报！"为何回报如此之重？因为这滴水便是活命之水。试想，倘若一个人在沙漠中即将渴死，而此时此刻，你适时送上一捧清凉甘甜的泉水，解救了他的性命。对方会作何感想？能不为你肝脑涂地，以作报答？

俗话说，天有不测风云，人有旦夕祸福。人生在世免不了会遇到这样那样的困难，需要人助以克服困难。助人为乐，这是为人立世的本分。但这种助人为乐的举动在对象、时机以及接济的具体内容上也很有讲究。孔子在这里告诉他的学生，也是告诉世人一个原则：在济人利物时，应该务实而不应追求虚名，否则，就会有损于自己的道德修养。怎样做到"周急不继富"？区分对象、选准时机、形式恰当等都是十分重要的。在周济对象上，通过花费千金来巴结权贵和结纳贤士，比不上倾尽自己仅有的半瓢米去接济那些饥饿者；通过构建豪华的房舍来招待宾客，又哪能比得上用茅草来覆盖那些破漏的茅屋，以庇护天下的那些家世寒微的读书士子呢？在时机选择上，坚持"雪中送炭"，少搞"锦上添花"，因为"渴时一滴如甘露，醉后添杯不如无"！

人生中的七味心药

情景展现

中山国的国君宴请都城里的士大夫，大夫司马子期也在座。由于羊羹不够，司马子期没能吃上。他一怒之下，跑到楚国去，并煽动楚王攻打中山，中山君逃走。这时，有两个人提着武器，追随在他的后面。中山君回过头来问这两人说："你们为什么跟着我？"两人回答说："我们的父亲曾经快要饿死的时候，多亏您给了他饭吃，才没有死。父亲在临死的时候叮嘱我们说：'中山君一旦有急难，你们俩一定要冒死去保护。'所以，我们是来保护您，为您献身的。"中山君听罢，仰天长叹："给人东西不在于多少，应该在他危难困苦的时候给予帮助；怨恨不在于深浅，关键的是不要使人伤心。我因为一杯羊羹亡了国，却因为一碗饭得到了两个勇士。"

心灵物语

济人济他急时无，才能解人"倒悬"之危。作为济人者，这是目的，尽管自己只有一瓢米、十文钱，但在别人急需时，分他半瓢，送他五文，以解他燃眉之急，供他一时之需，心里痛快。这才是真正地周济人，诚心地帮助人。同时，作为受济人，在危难之时，受人虽只有"滴水"之恩，但这是一份真情、一颗真心，日后，他定会"涌泉"相报的。

与人分享，便有双倍的幸福

有一个字谜很有意思："一人本姓王，怀里揣着两块糖。"谜底是"金"。是啊，一个人，无论身处怎样的境况，只要他怀里揣着两块糖，一块慷慨地赠与别人分享，一块留下自己慢慢品尝，就自会获得人生的快乐和金子般的幸福。在生活中，我们只要与别人分享幸福，分享快乐，分享亲情，分享成功，分享信息，分享甘苦……就会在分享中获得人生的真谛。

记得有位作家曾说过："倘若你有一个苹果，我也有一个苹果，而我们彼此交换苹果，那么，你和我仍然是各有一个苹果。但是，倘若你有一种思想，我也有一种思想，而我们彼此交换这些思想，那么，我们每人将各有两种思想。"分享的幸福正在于，它可以使我们拥有更多的东西。而把自己的东西拿来与别人分享的那一刻，不但能体会到分享的乐趣，更能体验到一种满足感。因为分享幸福，你会得到双倍甚至更多的幸福，所以我们也在享受幸福。让我们静静坐下来，让幸福在我们身上停留。

关心爱护周围的人，多为别人着想的人，心中的幸福感觉最多，因为看到别人的幸福微笑，我们心中自然也会感到幸福快乐。

情景展现

有一位叫智德的禅师在院子里种了一株菊花。三年后的秋天，院子里开满了菊花，香味一直传到了山下的村子里。来禅院的信徒都不住地赞叹："好美的花儿啊！"

有一天，有人开口向智德禅师要几株种在自己家的院子里，智德禅师答应了。他亲自动手挑了开得最艳、枝叶最粗的几株，挖出根须送到别人家里。消息传开后，前来要花的人接踵而来，络绎不绝，智德禅师满足了每个人的愿望。可是这样一来，没过几天，院里的菊花就都被送出去了。弟子看到满院的凄凉，忍不住说："太可惜了！这里本来应该是满院的香味啊。"智德禅师微笑着说："这样不正好吗？因为三年以后就会是满村菊香了啊！"弟子听师父这么一说，脸上的笑容立刻如菊花一样灿烂起来。智德禅师告诉弟子："我们应该把美好的事物与别人分享，让每个人都感受到这种幸福，即使自己一无所有了，心里也是幸福的啊。"

心灵物语

幸福是人人可以享有的，不关乎年龄、性别、职位；幸福是心灵内在的感触；幸福的人生是人与环境的和谐；幸福是人文与物质的平衡；能与人分享幸福是双倍的幸福；幸福感不仅来自获得，更来自于给予；有爱的人生才是幸福的人生；执着、勇敢、热忱、信念是通向幸福彼岸的诺亚方舟；幸福来自于对愿景的追求。

对众生一视同仁

善恶只不过是因缘的变化而已，没有永远的善，也没有永远的恶，都是不长久的，都会发生变化。

佛法扬善弃恶，却不执着，若想达到真正的慈悲，就需要一视同仁。

要想得到心灵的真实解脱，就要了解不分别善恶的这个佛性。

了解了以后，善要度，恶也要度。任何"认定"对方恶的念头已经是对对方不利了，所以也是对自己的不利。人类的争斗有很多就是因此而起。就像武侠小说中，名门正派也出邪人邪事，旁门左道中亦有正大光明。

善恶都是相对立而起的，是不断变化的，在禅者眼里只不过是世人空幻的名相罢了。他那里只讲众生平等，不论贤愚。

不要妄加指责谁恶谁愚。在佛性中造出的一切念头，所产生的果报都得自己承受。

那种旁人"业力大业力小"的议论既不见容于社会其他人群，也是违背了佛法本意的邪行邪语。

"如果有人对我们做坏事、说坏话，我们亦同样对他做坏事、说坏话，结果双方都是坏人；所以要用好的方法、好的行为、好的话去对待他，自然会叫他心服，别的人亦称赞我们。"

世间人是冤冤相报，佛法是以德报怨，你以怨对我，我以德对你。冤冤相报是凡夫，是造轮回业。真正觉悟之人，对于毁谤、侮辱、陷害他的人，甚至于要杀害他的人，都没有丝毫怨恨心，反而更加慈悲去爱护他、帮助他、救度他。感化一个人，就等于度化了一个人。

情景展现

过去，有一位国王带领许多妃嫔、宫女到郊外游玩打猎。途中，国王追逐野兔走远了，妃嫔们于是在树林中等候。

妃嫔们看到一位修行者正在林中沉思，于是向他请教。国王回来之后，责备她们与陌生人说话。

"我不过是指导她们学习忍辱的精神而已。"修行者安详地回答。

"哈哈！你自命为忍辱的人吗？我倒要试试你的忍辱修养。"说着，他挥剑将修行者的手臂斩断。

"现在，你该愤恨了吧！"国王得意地说。

修行者虽然痛苦，仍然和善地看着他，回答："我不愤恨。怀恨只有冤冤相报。将来我成道后，一定要来度化你，以了结这段业缘。"

慈悲心在他的神态中表露无遗。国王被感化了，跪在地上，深深忏悔。

心灵物语

佛法中的一视同仁度化世人，在这个故事中可以极其明了地说明一切。无论恶人还是善人，他们的心始终会有柔软的那一部分，只要你不

61

抛弃那个恶人，你终会感化他向善。

用你的善良将敌人变成朋友，让这世界充满爱，其德何其之大！或许，你的仁善未必能够得到足够的回报，但只要你有一颗博大的善心，你这样去做了，也就足够了。

当我们看到恶人时，不要满是仇恨，不妨换一种心态，用宽容去感化他，驱散他的邪恶，唤醒他的善良。

给予应出于至诚

什么是真正的慈善？一是出于至诚；二是不求回报；三是不轻毁人家。

前面两条好理解，不轻毁人家是什么意思呢？

"轻"是轻视。因为自己处于"施主"的地位，心里难免有几分优越感，在语言神态上就可能表现出看轻对方之意。比如那个"不受嗟来之食"的典故中，有钱人搭一个棚子，好心给饥民施粥，这本是件功德事，说话却不客气，看见来了个人，就说："喂，来吃吧！"谁知那个人有骨气，不受嗟来之食，掉头而去。你瞧，本来是想帮助人家，反倒得罪了人家，还说什么"好心无好报"，太不通人情世故了嘛！

"毁"是诋毁的意思，也就是说人家的坏话。这个坏话不是当场说的，是背后说的。比如，给了别人一个帮助，生怕人家不晓得自己心眼好，马上去告诉人家："那小子现在都混成这样了，穷得连给小孩交学费的钱都没有。我看他可怜，借给他500元。"这好像是真话，怎么说是诋毁呢？因为这是揭人隐私。人在社会上，是要讲信誉的，这是一种无形资产。你让人知道了他的窘状，他的信誉马上下降，以后办事人家不放心他。所以，你借给他500元，一句话就让他损失了无形资产5000元。你这500元他还要还你，他损失的5000元找谁去要？他不找你报仇就好了，还想指望他的回报？

假如受自己帮助的人发达了，自己却原地踏步，说的话就更难听了："那小子，当初如何如何，要不是我帮他一把，他哪有今天？"这就不只是诋毁，而是诬蔑了。他发展到今天这一步，99%肯定是靠他的才能和努力，你那点帮助哪够用？自己不努力还揭别人的短，不是诋毁是什么？人家不报复就好了，你还指望他的回报？

如果真心帮助，不挟带任何杂念的布施，就是真布施；不虑及将来没有回报的布施，就是真布施；不对受施人存任何轻视之心的布施，就是真布施。

情景展现

有一次，佛托着钵出去化缘，遇到两个小孩在路上玩沙子。他们看见佛，就站起来非常恭敬地行礼，其中一个孩子抓起一把沙子放在佛的钵盂里，说："我用这个供养你！"

佛说："善哉！善哉！"

另外一个孩子也抓起一把沙子放在佛的钵盂里。佛就预言，若干年后，一个是英明的帝王，一个是贤明的宰相。

百年后，一个孩子当了国王，就是历史上有名的阿育王；另一个就是他的宰相。在典籍中，关于阿育王的史实与传说很多。比如，他曾经打败东征的亚历山大；他建的一座寺院曾经飞到中国来，就是浙江宁波的阿育王寺。

心灵物语

阿育王的一把沙子就得到了这么大的回报，很多人向寺庙里捐金捐银，什么好处也没见到。原因无他，越有所求越得不到——这不仅是佛法，也是做人的道理！

布施最重要的当然是至诚之心。你不是因为他有权有势，不是因为他长得漂亮，不是因为他将来可能有出息，不是因为想炫耀自己，总之没有任何私心杂念，完全是因为一念之善，这样的施与才是真正的慈善。无论你的施与多么微不足道，都是该得善报的。

君子成人之美，不成人之恶

子曰："君子成人之美，不成人之恶。小人反是。"在中国几千年的历史文化中，成人之美俨然已经成为有德之人备加推崇的一项做人准则。在古代的君子们看来，"美事"未必非我不可，成他人之美亦是成我之美。而"成人之恶"则是一种罪大恶极的行为，实为君子所不容。

君子之所以能够成人之美，是因为他们有着与人为善的宽阔胸怀，把别人的成功当成自己的成功，把别人的快乐当成自己的快乐。不成人之恶，是因为君子爱人以德，不愿看到别人受难遭殃，不愿看到别人落水翻船的不幸。而小人就不这样，总是喜欢成人之恶，不愿成人之美。比如别人落水，他就高兴；别人成功、快乐，他就满肚子的忌妒、怨恨，甚至背后搞小动作，造谣中伤。这种君子和小人截然不同的区别，归结到一点，就是心态和思想境界的不同。

所谓君子成人之美，就是真正的有德之人，行事并不拘泥于世俗的条条框框，只要是有好结果的事情，他都会去竭力促成。这样的人在人格得到升华的同时，亦会获得意想不到的收获。

诚然，古君子的思想放在"计划没有变化快"的当代社会，或许会有几分偏颇。但其本质上的要义于我们修身养性、为人处世还是有很大益处的。当有人冒犯我们时，只要不是出自恶意、不是重大原则性的问题，我们就不妨"成其之美"一回，取其大节，宥其小过，以春雨润物之功俘获对方的身心。

情景展现

公元前 606 年，楚庄王率领军队一举平定了斗越椒的反叛，天下太平。楚庄王兴高采烈地设宴招待大臣，庆祝征战胜利，并赏赐功臣。

文武百官都在邀请之列，只见席中觥筹交错，热闹异常。到了日落西山，大家似乎还没有尽兴。楚庄王便下令点上烛火，继续开怀畅饮，并让自己最宠幸的许姬来到酒席上，为在座的宾客斟酒助兴。文武官员都已经喝得差不多了，见到许姬的美貌，便忍不住多看几眼，有些人就动了心。

突然，外面一阵大风吹来，宴席上的烛火熄灭了。黑暗之中有人伸手扯住许姬的衣裙，抚摸她的手。许姬一时受到惊吓，慌乱之中，用力挣扎，不料正抓住那个人的帽缨。她奋力一拉，竟然将其扯断了。她手握那根帽缨，急急忙忙走到楚王身边，凑到楚王耳边委屈地说："请大王为妾做主！我奉大王的旨意为下面的百官敬酒，可是不想竟有人对我无礼，乘着烛灭之际调戏我。"

楚庄王听后，沉默不语。许姬又急又羞，催促他："妾在慌乱之中扯断了他的帽缨，现在还在我手上。只要点上烛火，是谁干的自然一目了然！"说罢，便要掌灯者立即点灯。

楚庄王赶紧阻止，高声对下面的大臣说："今日喜庆之日难得一遇，寡人要与你们喝个痛快。现在大家统统折断帽缨，把官职帽放置一旁，毫无顾忌地畅饮吧。"

第二篇　心不善，生祸患：剪灭心内魔障

65

人生中的七味心药

众大臣见楚王难得有这样的好心情，都投其所好，纷纷照办。等一会儿点烛掌灯，大家都不顾自己做官的形象，拉开架势，尽情狂饮。后来人们都管这场宴会叫"绝缨会"。

许姬对庄王的举措迷惑不解，仍然觉得委屈，便问："我是您的人，遇到这种事情，您非但不管不问，反而还替侮辱我的人遮丑，您这不是让别人耻笑吗？以后怎么严肃上下之礼呢？妾心中不服！"

庄王笑着劝慰说："虽然这个人对你不敬，但那也是酒醉后出现的狂态，并不是恶意而为。再说我请他们来饮酒，邀来百人之欢喜，庆祝天下太平，又怎么能扫别人兴呢？按你说的，也许可以查出那个人是谁。但如果今日揭了他的短，日后他怎么立足呢？这样一来，我不就失去了一个得力助手吗？现在这样不是很好吗？你依然贞洁，宴会又取得了预期的目的，那人现在说不定也如释重负。"

许姬觉得庄王说得有理，考虑得也很周全，就没有再追究。

两年后，楚国讨伐郑国。主帅襄老手下有一位副将叫唐狡，毛遂自荐，愿意亲自率领百余人在前面开路。他骁勇善战，每战必胜，出师先捷，很快楚军就得以顺利进军。庄王听到这些好消息后，要嘉奖唐狡的战绩。唐狡站在庄王面前，腼腆地说："大王昔日饶我一命，我唯有以死相报，不敢讨赏！"

楚庄王疑惑地问："我何曾对你有不杀之恩？"

"您还记得'绝缨会'上牵许姬衣裙的人吗？那个人就是我呀！"

心灵物语

以诚感人、用"爱语"纠错，这样才会收到"润物细无声"的效应。

须知，世无完人，所以他人有过，我们没有必要苛责，更不能求全责备，以短盖长。只有这样，才会让更多有才能、有个性的人团结在你的周围，帮助你成就事业。

当然，我们成人之美固然可以得到对方的回报，但若是因为自己帮助了别人而加以轻视，甚至想凌驾于他人之上，那么"成人之美"也就失去了最初的意义。

莫轻小恶，以为无殃

"莫轻小恶，以为无殃；滴水虽微，渐盈大器，凡罪充满，从小积成。莫轻小善，以为无福，水滴虽微，渐盈大器，凡福充满，从纤纤积。"

不管是小的过错，还是小的罪恶，但凡是负面的言行都不要让它面世。三国时刘备在白帝城临终托孤时，仍不忘谆谆告诫刘禅："勿以善小而不为，勿以恶小而为之。"刘备一世枭雄，留下的名言不多，唯有这句话流传千古，而且给后人永久的启示：奉劝人们不要因为某个坏习惯不起眼就不重视，这句话看似比较浅显，但却蕴涵着很深的哲理。它告诉我们要在日常生活中的细节上加强道德修养，以免因小失大。

"勿以善小而不为，勿以恶小而为之"。谁都知道这个道理，但能够做到的人却很少。

古人说"千里之堤，溃于蚁穴"，如果对小的贪欲不能及时自觉并且有效地纠正，终将因为无底的私欲酿成灾难，小则身败名裂，大则招致亡国。我们要时常依照好的准则来检点自身的言行和思想，从善如流，否则等出现不良后果再深深痛悔就已太晚！

成语"防微杜渐"，便是劝人勿以"微"为轻，故而随意开始，勿忽略"渐"而积重难返。这尘世间多少麻烦、多少纠缠、多少烦恼甚至是不幸，都是从"微""渐"而来。所以，请务必戒之，慎之！

情景展现

有个非常有名的寓言故事，名叫"象牙筷子"，也非常有意思。商纣王刚登上王位时，命工匠用象牙为他制作筷子。他的叔父箕子十分担忧，他认为一旦使用了稀有昂贵的象牙做筷子，与之相配套的杯盘碗盏就会换成用犀牛角、美玉石打磨出的精美器皿；餐具一旦换成了象牙筷子和玉石盘碗，你就要千方百计地享用牛、象、豹之类的胎儿等山珍美味了；在尽情享用美味佳肴之时，你一定不会再去穿粗布缝制的衣裳，住在低矮潮湿的茅屋下，而必然会换成一套又一套的绫罗绸缎，并且住进高堂广厦之中。

箕子害怕演变下去，必定会带来一个悲惨的结局。所以，他从纣王一开始制作象牙筷子起，就感到莫名的恐惧。事情的发展果然不出箕子所料。仅仅只过了五年光景，纣王就穷奢极欲、荒淫无度地度日。他的王宫内，挂满了各种各样的兽肉，多得像一片肉林；厨房内添置了专门用来烤肉的铜烙；后园内酿酒后剩下的酒糟堆积如山，而盛放美酒的酒池竟大得可以划船。纣王的腐败行径苦了老百姓，更将一个国家搞得乌七八糟，最后终于被周武王剿灭而亡。

心灵物语

人之善恶不分轻重。一点善是善，只要做了，就能给人以温暖。一点恶是恶，只要做了，也能给人以损害。而最重要的是对自己的道德品质的影响。所以，生活中的我们须谨言慎行。从一点一滴之间要求自己，做到为善。只有这样，我们才不至于在人生的沟沟坎坎中马失前蹄，断送我们本该美好的前途。

第三篇
心不宽,钻角尖:扩展心的容积

心宽者必然身体康健、春风满面。他们不会为一些鸡毛小事大动肝火,不会为一些蝇头小利斤斤计较,更不会为些许间隙而明争暗斗、誓必报仇。这世间,似乎没有什么事是他们装不下的,似乎没有什么事能让他们血气上涌,所以他们每每都是那么理智,每每都是那么轻松。

人生中的七味心药

心有多大，世界就有多大

心中世界是宽是狭，完全取决于心的大小。倘若你心胸狭隘，相应地，你的世界也就很狭小；倘若你心胸宽阔，那么就能包容一切。正所谓三千大千世界尽于我心，如果我们能将心的容积扩大到无穷无尽，那么我们所拥有的世界也会无限宽广。即所谓"心的格局有多大，人生的舞台就有多大"。

我们的心就像一个容器，你的容器有多大，能承载多少，将决定你能做多少事，成就多大的事业。如果我们的心只有一个杯子大小，那么最多只能容下一杯子水。换言之，若是我们将心中的杯子变成一个水池，是不是就能容下更多的水？再变成一条河流，变成一片海洋……即"海纳百川，有容乃大"。做人，只要有一种看透一切的格局，就能做到豁达大度；把一切都看作"没什么"，才能在慌乱时，从容自如；忧愁时，增添几许欢乐；艰难时，顽强拼搏；得意时，言行如常；胜利时，不醉不昏。只有如此放得开的人，才是豁达大度之人。

情景展现

麦金利任美国总统时，任命某人为税务主任，但为许多政客所反对，他们派遣代表进谒总统，要求总统说出任命那个人为税务主任的理由。为首的是一位国会议员，他身材矮小、脾气暴躁，说话粗声恶气，开口就给总统一顿难堪的讥骂。如果换成别人，也许早已气得暴跳如雷，但是麦金利却视若无睹，不吭一声，任凭他骂得声嘶力竭，然后才用极温和的口气说："你现在怒气应该可以平和了吧？照理你是没有权力这样责骂我的,但是,现在我仍愿详细解释给你听。"

这几句话把那位议员说得羞惭万分,但是总统不等他道歉,便和颜悦色地说:"其实我也不能怪你。因为我想任何不明究竟的人,都会大怒若狂。"接着他把任命理由解释清楚了。

不等麦金利总统解释完,那位议员已被他的大度折服。他懊悔不该用这样恶劣的态度责备一位和善的总统,他满脑子都在想自己的错。因此,当他回去报告抗议的经过时,他只摇摇头说:"我记不清总统的解释,但有一点可以报告,那就是总统并没有错。"

心灵物语

同样是一颗心,有的人心中能容下一座山或是一片海,有的人心中却只能装下一己私利、一己悲欢。心有多大,世界就有多大,有大心量之人,方能够铸造大格局,有大格局者,方能够成就大气候!若是你的心还不够大,那么就用你的经历与勇气去把它撑大吧。

多一些忍让,少一些争端

每个人都生活在人群中,有人的地方自然会有矛盾,有了分歧、不和怎么办?很多人就喜欢争吵,非论个是非曲直不可。其实这种做法很不明智,吵架又伤和气又伤感情,不值,不如大事化小,小事化了。俗话说"家和万事兴",推而广之,人和自然也是万事兴。

我们知道,人是一种社会性的高等动物。人是社会的人,社会性是人的根本属性。人要在世间立身,就应该学会处世。吕坤认为,善处世"只于人情上做功夫"。

世间的人之常情是怎样的呢？吕坤认为，闻人之过则津津乐道，闻己之过则百般掩饰；见名利尽揽身上，见过失尽推他人；从薄处去推究他人情感，从恶边去揣度他人之心，这是天下人的通病。那么，怎样才能消除这些痛病呢？吕坤认为，首先要律己。自身要做到心诚，"诚则无心"，要有识见，身处污泥不被其玷污，不要把"你我"二字看得过于透彻，要有毫不利己、专门利人的精神，更重要的一点是要善于体察自己的过失。相对地说，客观公正地对待他人的过失比较容易些，而坦诚公正地认识自己的过失就非常困难了。这是由于私欲等主观因素和非主观因素所造成。所以必须做到每日"三省吾身"，这是非常必要的。因为认识自我是安身处世的重要前提。

其次，要善于宽厚待人。由于人的能力有大有小，天下的事情应听凭各自的方便，绝不能强求做到整齐划一、一刀切，只要能把事情办成就行。否则的话，既使人情备受痛苦，又是于事无补的。

人非圣贤，孰能无过？在正确对待他人的过失和错误上，吕坤提出了一系列的积极主张。如不以己所长而责备别人，责备人应留有余地，要谅人之愚，体人之情等，一字概括，即为"恕"字。这里，吕坤指出劝善应以教育为主，既要指明对方的错误，使对方改过自新，又要考虑对方的承受能力。要分析对方的心理特点，千万不可以权压人、以理压人、以法压人，把对方逼上绝路。那只能使对方负隅顽抗，更加肆无忌惮。吕坤认为，人一旦到了无所顾忌的地步，就无所谓尊严、刑罚和事理了。因此，对于犯有过失的人，特别是偶一失足的青少年，要动之以情，晓之以理。心诚则灵，这样感化别人，能收到事半功倍的效果。吕坤真不愧是一位伟大的教育思想家。当然，现代社会是法制社会，应该以道德教化与法治并重，过分地强调一点，而忽视另一点的做法都是片面的。

故意挑剔毛病，硬找差错，没有问题也生出了问题。有时伪装成对工作事业认真负责的样子，有时又换上一副蛮横不讲理的嘴脸，或自以为聪明透顶，或傲慢无知。不管属于其中的哪一种表现，心里都揣着一个恶的念头，不愿与人为善。因为一切事物都不可能尽善尽美，所以他总是能为自己的行为"理由"一番。当一个人如此这般的时候，大抵他们并非冲着真理、正确、原则而来的。恰恰相反，他们只是以此作为口实和把柄，来达到他们自己的不可告人的目的，对人不对己。如果有谁也像他们那样反过来，用他们的矛刺他们的盾，恐怕他们也会束手无策了。

《吕氏春秋·举难》中说，世界上找一个完人是很困难的，尧、舜、禹、汤、武，春秋五伯亦有弱点和缺点，比尧舜禹还要圣明的神农、黄帝犹有可指责的。所谓"材犹有短，故以绳墨取木"，就是作为栋梁之才的人，也有短处，不然为什么要用绳墨来把栋梁之才加工得又方又直呢？"由此观之，物岂可全哉！"所以天子不处全、不处极、不处盈。全则必极，极则必盈，盈则必亏。"先王知物不可全也，故择务而取一也"。

孟子说，君子之所以异于常人，便是在于其能时时自我反省。即使受到他人不合理的对待，也必定先反省自己本身，自问："我是否做到仁的境界？是否欠缺礼？否则别人为何如此对待我呢？"等到自我反省的结果合乎仁也合乎礼了，而对方强横的态度却仍然不改。那么，君子又必须反问自己："我一定还有不够真诚的地方。"再反省的结果是自己没有不够真诚的地方，而对方强横的态度依然故我，君子这时才感慨地说："他不过是个荒诞的人罢了。这种人和禽兽又有何差别呢？对于禽兽根本不需要斤斤计较。"

事实上，按照一般常情，任何人都不会把过去的记忆像流水一般抛掉。就某些方面而言，人们有时会有执念很深的事件，甚至会终生不忘。当然，这仍然属于正常之举。谁都知道，怨恨会随时随地有所回报。因此，为了避免招致别人的怨愤，或者少得罪人，一个人行事需小心在意。《老子》中据此提出了"报怨以德"的思想。孔子也曾讲过类似的话来教育弟子："以直报怨，以德报德。"其含义均是叫人处世时心胸要豁达，以君子般的坦然姿态应付一切。

情景展现

在安徽省桐城市的西南一隅，有一条全长约180米、宽2米的巷道，当地人称之为"六尺巷"。

据作家姚永朴《旧闻随笔》和《桐城县志略》等史料记载，清朝名臣张英便住在这里，张英历任礼部侍郎、兵部侍郎、工部尚书、翰林院掌院学士、文华殿大学士、礼部尚书等职，名声显赫，桐城人习惯将他称为"老宰相"，其子张廷玉称为"小宰相"，父子二人合称为"父子双宰相"。

当年张英家和一户姓吴的人家比邻而居，房屋之间有块空地被吴家给占用了，张家的人就送信给张英，让他出面干预。张英看罢来信，就写了首诗给家人，诗上说："一纸书来只为墙，让他三尺又何妨。长城万里今犹在，不见当年秦始皇。"家人见书明理，遂撤让三尺，吴家见此情景深感惭愧，亦退让三尺，这样张吴两家之间就形成了六尺宽的巷道，后人称为"六尺巷"。

张英轻挥朱毫，四两拨千斤，简简单单的几句诗就化解了原本剑拔弩张的邻里矛盾，为时人亦为后人做出了谦逊礼让、与人为善的绝好榜样。

心灵物语

在现实生活中，当双方发生矛盾或冲突时，对于别人的批评，除了虚心接受之外，还要养成毫不在意的功夫。人与人之间发生矛盾的时候太多了，因此，一定要心胸豁达，有涵养，不要为了不值得的小事去得罪别人。而且，生活中常有一些人喜欢论人短长，在背后说三道四。如果听到有人这样谈论自己，完全不必理睬这种人。只要自己能自由自在按自己的方式去生活，又何必在意别人说些什么呢？只有这样，你才能得到一世的清宁。

遇事莫钻牛角尖

世界上有许多人在做事情的时候常钻"牛角尖"，也就是人们常说的偏执。当然，谁也不能否认偏执有很大的正面作用——火药、电灯、蒸汽机……一系列世界上最伟大的发明便是得益于偏执；然而任何人也绝不能忽略偏执所带来的负面作用——失败与毁灭。

偏执是束缚我们思维发展的罪魁祸首；正确的处理办法就是"心不住法，道即通流"——如果自己在主观上对一切事物和现象都不执着，这就是道的流动畅通。

宋代名僧思净禅师曾做过一首名为《答或问》的禅偈，告诫人们并非偏执才能解决问题，即是运用他法亦能将事情办好：

"平生只解念弥陀，不解参禅可奈何？"

"但得五湖风月在，太平何用动干戈！"

偏则不全，执则不灵；不正常的形态大多始于偏见，不协调的意象多半来自偏执。偏执往往让我们的思想执迷其中不能自拔，故而显得越发狭隘，不能产生建树。

偏颇叫人高估自己，成见让人低估对方，固执使人错估一切。生活中存在许多固执的人，但固执不同于偏执。适当的固执为人平添一份可爱的"原则美"，而偏执往往容易把人生打成死结，既伤害自己，同时也伤害了他人。

人生中的七味心药

情景展现

有个人性格非常固执，只要是他认定的事情别人再怎么说，他依然坚持他的看法。

有一天他看到了姜，但却不知道如何种植姜，便想当然地认为姜是从树上结的。

他经常和人谈论此事，有人纠正他说："姜是长在土里的，根本不是树上结的。"这个人听了却不以为然。后来又碰到纠正他错误的那个人，两人又争论不休。为此他指指他身旁的毛驴，对那个人说："我愿意用我这头驴打赌，咱们找十个人做裁判。如果我输了毛驴给你，你输了认个错就可以了。"他便找了十个不同的人分别询问姜是长在哪里，结果都确定是长在土里的。他哑口无言，最后把驴交给了那个人说："驴子给你，但姜还是长在树上的。有一天我会证明给你看，把我的驴子要回来的！"说着头也不回地走了。

心灵物语

偏执的人往往自以为是，听不进别人的意见，只想让别人接受自己的观点，同时，会有一种盲目的自我崇拜心理，以为自己处处都比别人高明，自觉不自觉地把自己凌驾于他人之上。这种人很难让人接近，也很不容易成"气候"。

无固则大，无我则久；执中两得，偏一两倾；短不可护，护则终短；长不可矜，矜则不长；见树不见林，愚；知偏不知全，固；要因事对人，勿因人对事；应就事论事，不就人取事。能做到这些，才可求得内心一方的宁静，才可称之为一个理智的、成熟的、值得人信赖的人。

路径窄处，留一步与人行

"路径窄处，留一步与人行；滋味浓时，减三分让人食。"——与人方便，其实正是与己方便。

然而，很多人却将妥协、退让视为懦弱的表现，自认为针锋相对、寸土必争才是"好汉子""真英雄"。很明显，这类人的人生修为尚浅，做人的深度不足。其实很多时候，"退一步"并不意味着放弃努力和宣布失败，一些积极意义上的妥协是为了伺机行事、出奇制胜，是退一步而进两步。

中国有句格言："忍一时风平浪静，退一步海阔天空。"不少人将它抄下来贴在墙上，奉为处世的座右铭。这句话与当今商品经济下的竞争观念似乎不大合拍，事实上，"争"与"让"并非总是不相容，反倒经常互补。在生意场上也好，在外交场合也好，在个人之间、集团之间，也不是一个劲"争"到底，退让、妥协、牺牲有时也很有必要。作为个人修养和处世之道，让不仅是一种美好的德性，而且也是一种宝贵的智慧。

有时妥协是一种睿智，是我们处世的一项必要手段，它对于我们的人生起着微妙的作用，甚至可以改变人的一生。我们生存的世界充满了诡异与狡诈，人间世情变化不定，人生之路曲折艰难，充满坎坷。在人生之路走不通的地方，要知道退让一步、让人先行的道理；在走得过去的地方，也一定要给予人家三分的便利，这样才能逢凶化吉，一帆风顺。

情景展现

他是一家化妆品公司的业务主管,他的公司几次想与另一家化妆品公司合作,但都未能如愿。经过他的不懈努力,对方终于答应与他的公司合作!不过有一个要求:要在其化妆品广告词中加上该公司的名字。

他的老总不同意,认为这是在花钱替别人做广告,协商又陷入僵局,合作公司限他们在两天之内给予答复。

他听到这个消息,直接找到老总,劝老总赶紧答应,否则一定会错失良机。老总不乐意:"我坚决不妥协,他们这是以强欺弱。"

他认为把本公司产品和一个著名的品牌捆绑在一起是有利的,经过他的一再努力,老总终于同意了合作条件。事情像他预料的一样,公司的生产蒸蒸日上,销售额直线上升,他也因此被提升为业务总经理。

她拥有一家宾馆,经朋友介绍,她认识了一位名气很大的导演,导演准备租用她的宾馆开一个新闻发布会。

她爽快地同意了,可在租金上却不能与对方达成协议。她要价4万,导演只答应出2万,双方争执不下。朋友劝她:"你怎么这么傻,你只看到了2万,2万背后的钱可不止这个数。他们都是名人,平时请都请不来。"

她还是不妥协,坚持要4万,还对朋友说:"你看你介绍的人,这么吝啬。"朋友生气:"我没有你这个目光如豆的朋友。"说完,朋友抛开她,自己走了。

她旁边一家宾馆的总经理听到这个消息,及时找到导演,说他愿意把宾馆大厅租给导演,而且要价不超过1.5万元。

于是,导演便租了这家宾馆。开新闻发布会那几天除了许多记者、演员外,还有不少慕名而来的影迷,十几层的大楼无一空室。而且因为明星的光临,这家宾馆名声大噪。

她看到这一幕后，后悔得不得了，但一切都晚了，她只能怨自己目光短浅。

心灵物语

如果不在小事上稍加退让，那么后悔的很有可能是自己。

故事中的两人谁更聪明，谁才是强者，应该不用再多说了吧？从这则故事中，我们不难看出一个事实：妥协有时就是通往成功的必要，就是在冷静中窥伺时机，然后准确出击；这种妥协应是以退让开始，以胜利告终，表象是以对方利益为重，真相是为自己的利益开道。

善胜敌者，不争

从字面上看，"不争"似乎有悖进化规律，然而其背后有更深层的道理。"争与不争"的辩证法，透露着一个天机：不争而争、无为而无不为、不争而善胜，乃是人类社会进化的公理。

所谓"不争而争"，并不是说什么也不争，而是弃其小者，争其大者；弃其近者，争其远者。所以，不争是相对的，争则是绝对的。所谓"不争"，是指小处不争，小名不争，小利不争；倘若是大处、大原则，那就另当别论了。

假如是重大或重要的是非问题，自然应当不失原则地争出个青红皂白，甚至可以为追求真理而献身。但在日常生活中，若是因一些鸡毛小事而争得面红耳赤，非要决一雌雄才肯罢休，甚至大打出手闹个不欢而散，岂不是很让人瞧不顺眼？时下流行一句话，叫作"玩深沉"，其实面对这种情况，"玩点深沉"正显示了你宽宏大量的风度。

不管什么是非都去计较的话，你哪还有时间去享受生活？在我们生活的社会里，许多事情，尤其是小事情，如果看开一些，自己的心胸就宽大了。

人生于世，若是能够学会不争，懂得以退为进，就会得到一个更广阔的空间。事实往往如此，争强好胜者未必掌握真理，而懂得退避的人往往能给人一种修养深厚、胸襟坦荡之感，因而也更容易获得别人青睐，成就自己的一番事业。

情景展现

康熙十四年（1675年），清廷在全国的统治很不稳定，康熙为巩固清朝政权、安定人心，改变清朝不立储君的祖制，把他的第二个儿子胤礽立为皇太子。

作为皇太子的胤礽，为保住自己的地位，希望康熙帝能早日归天，自己尽快登上皇帝的宝座。为此，他与正黄旗侍卫内大臣索额图结成党羽，进行了抢班夺权的种种活动。这些都被康熙帝发现，康熙下旨杀了索额图。没想到胤礽更加猖狂，不得已，康熙于康熙四十七年（1708年）九月，废除胤礽的皇太子头衔。

皇子们见太子已废，争夺皇储的斗争更加激烈。他们通过各种渠道探听康熙的意图，打发皇亲国戚到康熙面前为自己评功摆好，搞得康熙"昼夜戒慎不宁"。没有办法，康熙在废掉太子后的第二年三月又复立胤礽为皇太子，好让诸皇子死了争夺储位的野心。

在皇太子废立过程中，诸皇子们使出浑身解数，最成功的是皇四子胤禛。在诸皇子的明争暗斗中，胤禛采用的就是不争而争之策。

皇太子被废之后，胤禛没有像其他皇子一样，落井下石，而是采取维护旧太子地位的态度，对胤礽表示关切，仗义执言，努力疏通皇帝和废太子的感情。他明白康熙希望他们手足友爱，不愿意看到皇子们反目成仇。

对康熙的身体，胤禛也最为关心体贴。康熙因胤礽不争气和皇子们争夺储位，一气之下生了重病。只有胤禛和胤祉二人前来力劝康熙就医，又请求由他们来择医护理。此举也深得康熙的好感。

诸皇子中夺位最狠的是胤禩。胤禛同胤禩也保持着某种联系，其实他心里不愿意胤禩得势，但行动上绝不表现出来，表面上看胤禩当太子，他既不反对也不支持，让人感觉他置身事外一般。

对其他皇兄，胤禛也在康熙面前多说好话，或在需要时给予支持，康熙评价他是"为诸阿哥陈奏之事甚多"。当胤禧、胤祹、胤祎被封为贝子时，胤禛启奏道，都是亲兄弟，他们爵位低，愿意降低自己世爵，以提高他们的爵位，使兄弟们的地位相当。

在众皇子为争夺皇太子之位闹得不可开交时，胤禛却似乎悠闲于局外，没有明火执仗地参与其中，而且还替众兄弟仗义执言，这些都被康熙看在眼中，特传谕旨表彰：

"前拘禁胤礽时，并无一人为之陈奏，惟四阿哥性量过人，深知大义，屡在朕前为胤礽保奏，似此居心行事，真是伟人。"

胤禛在这场诸皇子争夺皇太子之位的斗争中，不显山、不露水，以不争之争的斗争策略取得了成功。一方面，胤禛赢得了康熙的信任，抬高了自己的地位，密切了和康熙的私人感情。康熙一高兴，把离畅春园很近的园苑赐给了胤禛，这就是后世享有盛名的圆明园。康熙秋狩热河，建避暑山庄，将其近侧的狮子园也赏给胤禛。

另一方面，胤禛在争夺储位的诸皇子之争中，使其他皇子们认为他实力不够，对他不以为意，不集中力量对付他，使他有机会发展自己的势力。

结果，康熙在病重之际，把权力交给了胤禛。胤禛后来居上，脱颖而出成为雍正皇帝。

心灵物语

曾有人以诗描绘农家插秧时的情景："手把青秧插满田，低头便见

第三篇 心不宽，钻角尖：扩展心的容积

81

水中天；身心清净方为道，退步原来是向前。"剖其深意，这俨然是作者对"以退为进"这一人生策略的妙笔诠释。

"争"，需要对手；而"不争"是想别人没想过的问题，做别人没做过的事情。"善胜敌者，不争"。不争最终是为了更好地去争，不是和对手争，而是和自己争，和自己争就是要战胜自我。这种不争之争，在于以"不争"泯绝那些形名之争，而得潜在的大势态，"故天下莫能与之争"。

仇恨的灼烧

也许昨天，也许很久以前，有人伤害了你，你不能忘记。你本不应受到这种伤害，于是你把它深深地埋在心里等待报复时机。不过现在你应该明白，这样做是毫无益处的，不肯放过别人就是不宽恕自己。

在这个世界里，一个人即使是出于好意也会伤害他人。朋友背叛你、父母责骂你、爱人离开你……总之，每个人都会受到伤害。

理易清，仇则易乱。我们做人，若说尽去七情，洗净六欲，显然是不现实的，但放宽情怀，尽量避免为负面情绪所控制则并不是什么难事。

"恨"是一种极其狭隘的负面情绪，将仇恨埋在心中须臾不忘，就会一直遭受仇恨的折磨，时时想着"报仇雪恨"，人生又怎能过得轻松？

忘记仇恨，这是一个明智的做法。如果你还没有学会遗忘，你就应该要求自己，甚至是强迫自己，不去仇恨别人。仇恨是埋在心中的火种，如果不设法将其熄灭，必然会烧伤自己。有时候，即便自己已经灼烧成灰，对方却依然毫发无伤。

情景展现

很早以前，有一位宫廷画师因作画讽刺当权重臣，惨遭杀害。

多年以后，画师的儿子长大成人，他得乃父遗风，在作画方面颇具几分才华。但是，因为知道那位重臣仍对当年往事耿耿于怀，为求安然，他每天只低调地在画市上以卖画为生。

无巧不成书，偶然一次，那位重臣的独子在逛画市时，偏偏看中了他的一幅画。见此，他傲慢地将画盖住，声称这是"非卖品"。看着对方失望远去的背影，一种报复的快感在他心中油然生起。

三日后，重臣亲自到访，再三请求画师的儿子将画卖给自己，并且随他定价，因为那公子为这幅画已经不吃不喝、不眠不休地折腾三天了！画师的儿子断然拒绝，他要充分享受报复带来的快感，他感觉压制已久的仇恨终于得到了些许释放。

翌日清晨，画师儿子起床以后，照例铺纸作神像画——这是他多年养成的习惯，每日起床，必先画一尊自己所敬重的神。画着画着，他的手突然停住了。

"这神像怎么……怎么有些眼熟！可是到底像谁呢？"他停笔想了很久，突然失声惊叫，"竟然是他！竟是我的杀父仇人！"

随即，他发疯一般将画撕得粉碎，口中大呼："我内心的恨，最终报复了我自己！"

心灵物语

我们淡忘仇恨，同时也是解脱了自己，与其因为愤恨而耗尽自己一生的精力，时时记着那些伤害你的人和事，被回忆和仇恨所折磨，还不如淡忘它们，把自己的心灵从禁锢中解脱出来。遇事但凡有这个念头

在，你的人生势必会少为烦恼所牵绊，你的心灵自然会智慧、轻松许多。

其争也君子

世上的问题多起于争。文人争名，商人争利，勇士争功，艺人争能，强者争胜。争并不是坏事，能促使人向上，促进事业的发展。但争要合乎规矩，不能采取不正当的手段，干损人利己的事。

孔子说过一句话："君子无所争。必也射乎！揖让而升，下而饮。其争也君子。"他认为，君子没有什么可争的事情，如果要争的话，也一定是诸如射箭比赛这种必须要争的事情，但即使要争，也要争得有礼节、有道理，这才是君子之争。

君子之学是为了进德修业，与人无争，与世也无争。孔子以当时射箭比赛的情形，说明君子立身处世的风度。现代社会的人们，虽大多并不讲什么"君子风度"，但"游戏规则"还是要遵守的，否则，将难免会落得四面楚歌，被"请"出局。

很多人认为，生活就是一场争斗。实际上这种看法是片面和不足取的。真正有眼光、办大事的人，他们从不把心劲才力浪费在斤斤计较上，更不会本末倒置地去与人相争。他们的胸怀和风度，当然也能使对方折服，假如对方不是一个小人的话。

"忍让"自然是人生中的一种大修行、大智慧，但所谓忍让并不是要求我们不分是非，一味地退避、妥协。倘若一件事发生在我们的面前，它触犯了我们的民族尊严、触碰了道德底线、有违我们做人的基本原则，那我们就要跟他争一争这个理了。

情景展现

　　经过多年艰辛打拼以后，古龙终于在文坛拥有了自己的一席之地。武侠小说的一代宗师金庸先生更是对他推崇不已。两人相识之后，就常常结伴同游。后来，古龙因为一些债务原因，手头有些拮据，金庸先生便帮他联系了一个日本的出版商。对方非常欣赏古龙的才华，便邀请二人当面晤谈。

　　双方见面之后，会谈并没有想象中那么顺利。因为文化的差异，彼此先是在讨论文学创作上有了分歧。接着，古龙发现对方在客气的外表下总是透着一股傲慢，尤其是对中国当代文学，很有些看不上眼。场面有些尴尬，金庸先生总是大度地微笑着缓和紧张的气氛，古龙的话越来越少，渐渐沉默起来。

　　酒过三巡，对方的酒兴渐渐高涨起来，不停地催服务生上清酒。古龙和金庸两人都有些不胜酒力了，便开始推辞起来。不料对方忽然露出了鄙夷的神色，一语双关地说道："你们中国的小说家也不过如此嘛！"

　　金庸连忙转过头，紧张地看着血气方刚的古龙。让他没想到的是，古龙并没有暴跳如雷，而是微笑着缓缓说道："这么小的杯子怎么能尽兴呢？来，换脸盆喝！"说着，他亲自取来三个脸盆摆在大家面前，然后用清酒倒满自己面前的脸盆，高高举起。"干！"说着，他端起盆，仰头就喝了起来，坐在一旁的金庸惊得说不出话来，日本出版商更是傻了眼。古龙喝到一半，对方连忙跑过来拉住他，嘴里不停地说道："古先生，我佩服你！不要再喝了！"

　　事后，日本出版商再也没有过傲慢的表现。金庸悄悄问酒醒后的古龙，真的能喝得下那么多酒吗？古龙憨笑着告诉他，其实自己也喝不了那么多酒。只是他一直觉得，对善待自己的人，自己就必须还以善良；对待轻视自己的人，就必须坚决反击，何况是事关作家的尊严和民族感情。

　　从那之后，金庸先生不止一次在朋友面前提起这件事情，并且一再表示，古龙身上的侠气精神让他一生都无法忘记。

随着古龙名气的与日俱增，他的小说也越来越炙手可热。在利益的驱使下，很多人开始效仿他，挖空心思，想方设法利用古龙的名气为自己谋利，甚至有人开始冒充古龙的名字写小说。

一天午后，一个朋友在市场上发现了几本冒充古龙先生新作的小说，异常气愤。他立刻买下了几本，气呼呼地来到古龙的家里。

可让他没想到的是，一向争强好胜的古龙并没有生气，反而津津有味地读了起来。读了一会儿，他轻轻放下书，什么也没说。坐在一旁的朋友按捺不住了，问他为什么不追究。古龙微笑着告诉他："这本小说的风格，我一看就知道是谁写的。我也非常反感这些抄袭模仿、假借之笔的龌龊行为，可这个作者我认识，他的家境非常贫寒，不过是以此来糊口罢了。如果我去举报他，那他全家人都可能饿肚子。得饶人处且饶人，何况他的原因很特殊；再说，他的文笔很不错，我不忍心就让他这样毁在我手里。"朋友听完他的话，欷歔不已。

不仅如此，古龙还特别留心借假自己名字写小说的作者当中才华出众的，并且想方设法帮助他们。在古龙的帮助下，很多年轻人崭露头角，而且都和古龙成了朋友。

心灵物语

得益于古龙先生这种博大的胸怀，使得他故去以后，中国台湾迅速成长起来一批新的优秀小说家。也正因为如此，虽然古龙人已逝，他却在很多受过他帮助的人心中延续着自己的生命，并将这份豁达与博爱继续传递下来。

古龙的争，不是莽夫之争，而是血性之争，为自身尊严而争，为民族荣誉而争；古龙的让，不是懦弱退缩，而是心怀博爱，不计小利，为更多有才情抱负的人提供机会，更加让人佩服一生一世。血性与宽容，是苍鹰的两只翅膀，不争，不足以立志；不让，不足以成功。

仇恨埋葬理智

在影视剧中我们常看到这样的情景——一个人受到某种伤害，从此耿耿于怀，于是发誓报仇，费尽心机、无所不用其极地试图报复自己的仇人。而结果呢？要么是两败俱伤，要么是令自己"走火入魔"，使原本善良的心在仇恨中迷失，自己变成了一个十恶不赦的奸诈之徒，堕入"魔道"。

当然，还有另一种桥段。原本有世仇的两家儿女彼此相互仇视，但在经历过种种考验以后，彼此惺惺相惜、相互帮衬，最终解开了积聚已久的仇怨，甚至喜结连理，这种结局相信是大家都愿意看到的。

的确，我们每个人心里都明白这样一个道理：冤冤相报何时了。当我们在影视作品中看到主角们被仇恨所折磨，百般痛苦、若疯若狂，我们都希望他们能放下仇恨、尽释前嫌，重新开始美好的生活。当我们在生活中，发现某些朋友之间产生怨恨，相互倾轧，我们都希望能尽一份力，让他们和好如初。但是，一旦仇恨发生在我们身上，我们往往变得小气了，我们不肯去宽恕伤害过自己的人和事，即使这有可能是无心之举。我们从此对某些人怒目相视，甚至想着让他们付出应有的代价，可是，这样做真的值得吗？

不知大家有没有想过，此时的我们，与影视作品中那些被仇恨冲昏头脑的主角又有何异？我们不是一样被这种狭隘心理所驾驭，在做着一些不明智的事情？在仇恨别人的同时，难道我们心中就没有痛苦和遗憾吗？

仇恨，常常左右人的理智，使我们对复杂多变的形势做出错误的分析和判断。因此有人说，一个被仇恨左右的人一定是不成熟的人。因为聪明的人一定会懂得在选择、判断时，摒除外界因素的干扰，采取理智的做法。

情景展现

三国时，曹操历经艰难，在平定了青州黄巾军后，实力增加，声势大振，有了一块稳定的根据地，于是他派人去接自己的父亲曹嵩。曹嵩带着一家老小40余人途经徐州时，徐州太守陶谦出于一片好心，同时也想借此机会结交曹操，便亲自出境迎接曹嵩一家，并大设宴席热情招待，连续两日。一般来说，事情办到这种地步就比较到位了，但陶谦还嫌不够，他还要派500士卒护送曹嵩一家。这样一来，好心却办了坏事。护送的这批人原本是黄巾余党，他们只是迫不得已归顺了陶谦，而陶谦并未给他们任何好处。如今他们看见曹家装载财物的车辆无数，便起了歹心，半夜杀了曹嵩一家，抢光了所有财产跑掉了。曹操听说之后，咬牙切齿道："陶谦放纵士兵杀死我父亲，此仇不共戴天！我要尽起大军，血洗徐州。"

随后，曹操亲统大军，浩浩荡荡杀向徐州，所过之处无论男女老少，鸡犬不留。吓得陶谦几欲自裁，以谢罪曹公，救黎民于水火。然而，事情却突然发生了骤变，吕布率兵攻破了兖州，占领了濮阳。怎么办？这边父仇未报，那边又起战事！如果曹操此时被复仇心态所左右，那么，他一定看不出事态的发展趋势，也察觉不出情势的危急。但曹操毕竟是曹操，他是一个十分冷静沉着的人，也是一个非常善于控制自己情绪的人。正因如此，他立刻分析出了情势的严重性："兖州失去了，就等于断了我们的归路，不可不早做打算。"于是，曹操便放弃了复仇的计划，拔寨退兵，去收复兖州了。

同是三国枭雄，反观刘备，因义弟关羽死于东吴之手，不顾诸葛亮、赵云等人的劝阻，一意孤行，杀向东吴。最终仇未得报，又被陆逊一把火烧了七百里连营，自感无颜再见蜀中众臣，郁郁死于白帝城，从此西蜀一蹶不振。

心灵物语

曹操与刘备谁的仇更大？显然是曹操，曹操死了一家老小40余人，而刘备只死了义弟关羽一人。但曹操显然要比刘备冷静得多，他面对骤变的局势，思维、判断没有受到复仇心态的任何影响，所以他才能够摆脱这次危机，保住了自己的地盘和势力。

仇恨埋葬理智，一个不懂得驾驭仇恨的人，终其一生，也难有成就。豁达的心胸可以化解仇恨、拯救理智，你应该去控制仇恨，而不是让仇恨来控制你！

"小心眼"毁了谁

有诗云：
何人百般诽谤吾，虽已传遍三千界。
吾犹深怀仁慈心，赞叹他德佛子行。

如果自己对别人没做任何伤害之事，而别人却对你无因诽谤，并大肆宣扬，使自己臭名远扬，此时，对于修行者来说，非但不憎恨他，而是真切地慈悲他、可怜他，而且不断赞叹他的功德。但对我们一般人来说，往往是自己确实做错了，但在别人批评时，还是气得脸红脖子粗，过后还耿耿于怀，开始去对他人作无因诽谤，这对一个修行者来说是极不应该的。当遭到别人的诽谤时，可以这样多向内观自己："这是因果报应、是空谷声，是对自己修行的考验，自己不能被八风吹动。"

有一句话说得非常经典，那就是："诽谤别人，就像含血喷人，先污染了自己的嘴巴。"它的意思是说，诽谤别人的人，最终都不会有好下场。

喜欢诽谤别人的人，一个最基本的心态就是："我不能干，你也不能表现得比我能干。"要是有人表现得比他们强，他们就会采取各种手段进行打压，千方百计把别人踩下去。事实上，中国五千年来流行的中庸之道的文化，其中就有"削尖拉平"的内容。

还有的人由于自己思想僵化，没有聪明的头脑，自己不仅没有什么建树，反而却忌妒别人的聪明才智，把人家的劳动成果看成是别有用心，就是为了张扬，就是为了出风头；不仅不能够虚心向别人学习，反而到处诬陷诽谤别人，这恰恰暴露了自己的虚荣心，甚至是不良居心。

你诽谤了他人并不能提升你自己的威望，也不会由此发财，更不会由此得福。恰恰相反，被你诽谤的人会觉得你这个人过河拆桥、无中生有、人性不佳。你挖空心思把精力用到诽谤别人之事上，你自己的事业就会受影响。所以说，你损害他人的同时，也损害了你自己。

人生在世，要与人为善、与人为友，不要以你的狭隘之心去度量君子之行。诽谤对于一个心底无私、光明磊落的人来讲是毫无作用的。

喜欢诽谤别人的人，实际上自身极不自信。与他们相处时，应该多给一些赞美，多恭维，让他们觉得很舒服。自己在创造成绩时，不要扬扬自得，而要保持谦虚谨慎的心态；总结成功时，要多强调偶然因素或者别人的帮助；适当的时候，一些容易创造成绩的机会，可以适当让给喜欢妒忌的人，让他们也有成就感。但要注意一点，忍让应该有限度，不能过于卑躬屈膝。

喜欢诽谤别人的人，通常是心胸狭隘的人。与他们相处时，首先还是要多赞美，构筑一个轻松的环境，猜疑很大程度上和沟通不良有关。其次，对于一些中伤和猜忌，要有理有节地进行解释，据理力争。对于恶意的诽谤，如果用沟通的方式无法解决，就得寻求行政或司法等途径了。

善意奉劝诽谤族们，收敛小人之心，定个适合于自己的人生目标，专心致志去奋斗，就会成功。人生是短暂的，精力是宝贵的，诽谤他人就是挖自己的墙脚！

情景展现

陈立伟是公司业务部的精英，曾多次获得公司年终奖金。年底又到了，陈立伟根据考核办法，算出自己又可以拿到2万元奖金，便提前与女朋友算计这2万元该怎么花。最后决定，储存1万元，另1万元做春节旅游之用。

获奖名单公布以后，陈立伟发现竟没有自己的名字——是不是相关人员疏忽把自己漏掉了？陈立伟带着疑问找到业务部经理。经理说："我们这次考核，是绩效考核加表现考核，不只是看绩效，还要看平时的表现，如个人形象、是否具备团队合作精神，等等。你想想看，自己在某些地方有没有做得不够的地方。"

陈立伟不由得低下头去。

经理提醒说："年中时，你跟小王争地盘，哪有一点团队合作精神？而且给公司造成了很不好的影响。这是你今年没有拿到年终奖金的主要原因。"

陈立伟跟小王所争的"地盘"，是一家大客户。原来是小王开拓的市场，后来那家大客户的部门经理易人，陈立伟的同学走马上任。陈立伟就去拜访同学，想把业务划到自己名下。小王告到部门经理那儿，部门经理出面批评了陈立伟，陈立伟才撤出去。

陈立伟一肚子气离开经理的办公室。他以为，自己落选主要是经理在作祟。绩效考核，主要看业绩，这是硬指标，别的都是软指标，说你达标就达标，说你不达标就不达标。他若没有团队合作精神，就不会听经理的意见，早把"地盘"抢到手了。还有，那奖金是公司出，也不

人生中的七味心药

是经理自己掏腰包,经理是忌妒才把他拿下来的。

陈立伟越想越气,不自觉地找到几个平时关系不错的同事倾诉,发泄不满,说经理的坏话。

不久公司大裁员,陈立伟赫然出现在名单上。自己是业务精英,是不是搞错了?陈立伟找老板询问。没错,他被解雇的理由是:缺乏团队合作精神。

陈立伟不理解,那件事过去半年了,自己跟小王早就和好了,怎么又扯出来大做文章呢?

后来,一个知情的同事告诉他,他在背后说经理坏话的事传到经理耳朵里了,经理怨气难平,自然力主裁掉他。

心灵物语

不要以惯于诽谤他人而知名。不要精于怎样损人利己,因为这并不困难,只是会遭人唾弃。所有的人都会向你寻求报复,说你的坏话,并且由于你孤立无援而他们人多势众,你会很容易被打败。不要对别人幸灾乐祸,也不要多嘴多舌。一个搬弄是非的人会被人们深恶痛绝。他或许可以混迹在高尚的人群中,但人们只会把他作为一个笑料,而不是作为学习的榜样。说人坏话的人会听到别人说他的更不堪入耳的话。

爱你的仇人

人一旦受到伤害的时候,最容易产生两种不同的反应:一种是怨恨,一种是宽恕。

怨恨是你对受到深深的、无辜伤害的自然反应,这种情绪来得很快。无论是被动的还是主动的，怨恨都是一种郁积着的邪恶，它窒息着快乐，危害着健康，它对怨恨者的伤害比被怨恨者更大。

消除怨恨最直接有效的方法就是宽恕。宽恕必须承受被伤害的事实，要经过从"怨恨对方"，到"我认了"的情绪转折，最后认识到不宽恕的坏处，从而积极地去思考如何原谅对方。

生活中，宽恕可以产生奇迹，宽恕可以挽回感情上的损害，宽恕犹如一支火把，能照亮由焦躁、怨恨和复仇心理铺就的黑暗道路。曾任纽约州长的威廉·盖诺被一份内幕小报攻击得体无完肤之后，又被一个疯子打了一枪几乎送命。他躺在医院为他的生命挣扎的时候，他说："每天晚上我都原谅所有的事情和每一个人。"这样做是不是太理想化了呢，是不是太轻松、太好了呢？如果是的话，就让我们来看看那位伟大的德国哲学家，也就是"悲观论"的作者叔本华的理论。他认为生气就是一种毫无价值而又痛苦的冒险，当他走过的时候好像全身都散发着痛苦，可是在他绝望的内心深处，叔本华叫道："如果可能的话，不应该对任何人有怨恨的心理。"当耶稣说"爱你的仇人"的时候，他也是在告诉你怎么样改进你的外表。你一定见过这样的女人，她们的脸因为怨恨而有皱纹，因为悔恨而变了形，表情僵硬。不管怎样美容，对她们容貌的改进也及不上让她心里充满了宽容、温柔和爱所能改进的一半。

怨恨的心理甚至会毁了你对食物的享受。圣人说："怀着爱心吃菜，也会比怀着怨恨吃牛肉好得多。"

要是你的仇人知道你对他的怨恨使你精疲力竭，使你疲倦而紧张不安，使你的外表受到伤害，使你得心脏病，甚至可能使你短命的时候，他们不是会拍手称快吗？

即使你不能爱你的仇人，至少也要爱你自己，要使仇人不能控制你的快乐、你的健康和你的外表。就如莎士比亚所说的："不要因为你的敌人而燃起一把怒火，热得烧伤你自己。"

人生中的七味心药

你也许不能像圣人般去爱你的仇人，可是为了你自己的健康和快乐，你至少要忘记他们，这样做实在是很聪明的事。

情景展现

在加拿大杰斯帕国家公园里，有一座可算是西方最美丽的山，这座山以伊笛丝·卡薇尔的名字命名，纪念那个在1915年10月12日像军人一样慷慨赴死——被德军行刑队枪毙的护士。她犯了什么罪呢？因为她在比利时的家里收容和看护了很多受伤的法国、英国士兵，还协助他们逃到荷兰。在10月的那天早晨，一位英国教士走进军人监狱——她的牢房里，为她做临终祈祷的时候，伊笛丝·卡薇尔说了两句将镌刻在纪念碑上不朽的话语："我知道光是爱国还不够，我一定不能对任何人有敌意和恨。"4年之后，她的遗体转移到英国，在西敏寺大教堂举行安葬大典。人们常常到国立肖像画廊对面去看伊笛丝·卡薇尔的那座雕像，同时朗读她这两句不朽的名言。

心灵物语

宽恕是一种能力，一种停止伤害继续扩大的能力。

宽恕不只是慈悲，也是修养。

学着宽恕吧！遇事记恨别人的人，往往不能从被伤害的阴影中平安归来，痛苦总是如影随形，受伤害的反而是自己。因此，你一定要尽己所能地宽恕别人，这样做也正是在宽恕自己。

亲友之间和气为主

若是狂风暴雨来袭，飞禽走兽便会感到哀伤忧虑、惶惶不安；若是晴空万里的日子，则草木茂盛、欣欣向荣。由此可见，天地之间不可以一天没有祥和之气，而人的心中则不可以一天没有喜悦的神思。

亲友之间的相处，有时也不能尽如人意，不能因为各自的思维方式不同，性格上的差异，甚至微不足道的小过节，就破坏原有的和谐气氛，乃至互相诋毁，互相仇视，互相看不起。古人说得好："二虎相争，必有一伤。"这样做下去，其实谁都不好看。抬头不见低头见，我们还是得容人处且容人吧！

亲友之间相处，需要用"和气"来化解彼此之间的矛盾。人和人都是不同的，对于性格、见解、习惯等方面的相异，要以和为重。"疾风暴雨、迅雷闪电"会影响亲友之间的关系，甚至导致亲情、友情的破裂，反目成仇；而若和气面对彼此的不同，进而欣赏对方的优点，则对方也会对你加以赞美。这样一来，你们的"祥"和"瑞"也就更多了。

情景展现

宋朝的王安石和司马光十分有缘，年轻时，都曾在同一机构担任完全一样的职务。两人互相倾慕，司马光仰慕王安石绝世的文才，王安石敬重司马光谦虚的人品，在同僚们中间，他们俩的友谊简直成了某种典范。

然而，随着王安石和司马光的官越做越大，心胸却慢慢地变得狭隘起来。相互唱和、互相赞美的两位老朋友竟反目成仇。倒不是因为解不开的深仇大恨，人们简直不敢相信，他们是因为互不相让而结怨。两位智者名人，成了两只好斗的公鸡，雄赳赳地傲视对方。有一回，洛阳国色天香的牡丹花开，包拯邀集全体僚属饮酒赏花。席中包拯敬酒，官员们个个善饮，自然毫不推让，只有王安石和司马光酒量极差。待酒杯举到司马光面前时，司马光眉头一皱，仰着脖子把酒喝了。轮到王安石，王安石执意不喝，全场哗然，酒兴顿扫。司马光大有上当受骗，被人小看的感觉，于是喋喋不休地骂起王安石来。一个满脑子知识智慧的人一旦动怒，开了骂戒，比一个泼妇更可怕。王安石以牙还牙，祖宗八代地痛骂司马光。自此两人结怨更深，王安石得了一个"拗相公"的称号，而司马光也没给人留下好印象，他忠厚宽容的形象大打折扣，以至于苏轼都骂他，给他取了个绰号叫"司马牛"。

到了晚年，王安石和司马光对他们早年的行为都有所后悔，大概是人到老年，与世无争，心境平和，世事洞明，可以消除一切拗性与牛脾气。王安石曾对侄子说，以前交的许多朋友都得罪了，其实司马光这个人是个忠厚长者。司马光也称赞王安石，夸他文章好、品德高，功劳大于过错。仿佛是又有一种约定似的，两人在同一年的五个月之内相继归天。天国是美丽的，"拗相公"和"司马牛"尽可以在那里和和气气地做朋友，吟诗唱和了，什么政治斗争、利益冲突、性格相违已经变得毫无意义了。

心灵物语

亲友之间闹矛盾，很难说清谁是谁非，一旦处理不好，就有可能会把亲友间的关系弄僵。莫如放下心中的芥蒂，放下那说不清的是是非非，事后主动道一声歉或是给予对方一个微笑，便能使亲友关系由阴转晴，和谐相处。

婆媳不争，家更安宁

婆媳关系是家庭中最难相处的关系，婆媳矛盾则是一个令清官也为之发愁的难题。在婆媳矛盾的背后，隐伏着母子之爱和夫妻之爱的竞争，这种竞争往往是无意识的竞争，事实上却是婆媳矛盾激化的一个很重要的因素。

父母为了把子女抚育成人，付出了大量的心血，倾注了大量的爱。一般说来，在成家之前，儿子总是把母亲视为自己最亲的亲人。但是，一旦儿子结了婚，组建了自己的家庭，开始感受到夫妻之爱，这时，母子之爱便自然而然地降至次要的地位，儿子新家庭的利益不可避免地放到了他原来家庭的利益之前。而且，儿子在生活中遇到了什么问题，首先关心他的总是媳妇，而儿子也总是把生活中的酸甜苦辣更多地、更主动地向媳妇倾吐，把媳妇视为"第一参谋"。这时，做母亲的便会感到感情上受到了冷落，加上儿子成家以后同自己的接触较以前大为减少，做母亲的如果不体谅，便会埋怨儿子"娶了媳妇忘了娘"，而把一肚子的怨气一股脑儿全倾泻在媳妇身上。因此，做母亲的要有"宰相肚里能撑船"的气度，看到儿子和媳妇相亲相爱、齐心持家，应该为之感到高兴，切不可妄生被冷落之感和疑忌之心。

自古以来婆媳相处一直就是家庭中的一大敏感问题，相处得来一切都好，要是相处得不好，婆媳过招一百回的戏就会常在家中上演。不过，尽管婆媳矛盾是一个古今中外令许多家庭头痛的难题，但只要当事者本着互相信任、互相尊重、互相爱护、互相关心、互相宽容忍让的态度，加上家庭其他成员齐心协力促使其向良性的方面转化，婆婆与媳妇

人生中的七味心药

之间一定会产生出真诚的爱，一定能够和睦相处。

情景展现

季晓光在一次和婆婆发生冲突以后，跑到表妹宋女士家诉苦。当时，宋女士正好有篇稿子要写，无暇陪她。季晓光就和宋女士的婆婆闲聊起来。

季晓光无奈地说，她婆婆不讲卫生，做菜无味，整天唠叨，让人生厌。宋女士的婆婆打断了她的话："你该向你这个'糊涂'妹妹学学，她不嫌我这个乡下老太婆，我在这里一住就是几年。我炒的菜明明盐放多了，可她还说好吃！前天刚给我一百元零花钱，今天早上又问我还有没有零钱用。"

宋女士的婆婆一边说，一边呵呵笑起来……

午饭后，宋女士打开洗衣机准备洗衣裳，却找不到早晨刚刚换下的衣服。"妈，看见我的衣裳了吗？"

宋女士的婆婆却一拍脑门，笑着说："瞧我这老糊涂，刚才一不留神把你的衣服给洗了。"

季晓光看着表妹婆媳之间融洽的样子，愣了一下神，好像若有所悟地点点头。当晚，季晓光深情地告诉宋女士："以前我总羡慕你有个好婆婆，现在终于明白了，你们之间的糊涂可真难得啊！不计较小是小非，什么事都好办了！我以后真得好好向你学习。"

此后，季晓光也当起了"糊涂"媳妇。令人欣慰的是，不久以后，她婆婆也被"传染"了，也跟她一起"糊涂"起来。以后，她们家再也看不见"硝烟"了。

心灵物语

都说不是一家人，不进一家门，既然进了一家门，那就是百世修来的缘分。人生不过数十载，于老人而言，幸福的日子更是过一天少一天，婆媳之间何必争得面红耳赤，闹得鸡犬不宁，令你们的儿子、丈夫身居其间左右为难。做婆婆的，应老成持重，多装装糊涂，谅解儿媳的"不懂事"；做儿媳的，应本着尊老敬老的基本操守，能体谅的多体谅，能忍让的多忍让。这样，不但你们过得开心，你们的儿子、丈夫也少了很多危难，才能毫无后顾之忧地为这个家尽心尽力。

不痴不聋，不做阿姑阿翁

古人云，不痴不聋，不做阿姑阿翁。意思是说，作为家中的父母或公婆，对儿子媳妇、女儿女婿的若干私事应当少问少管，睁一只眼闭一只眼，经常装装糊涂，家中自会少生许多矛盾，当长辈的也就减少许多烦恼。换位思考一下，做晚辈的也应该宽容大度一点，不能什么事情都较真，对长辈只有从心眼里爱他们、敬他们，彼此的关系才能够融洽。

老年人如何处理好家庭关系，具体说处理好与晚辈的关系，是一个重要而敏感的问题。它不仅关系到家庭和睦，而且影响到老人身心健康。当然，儿女应当孝顺、孝敬，尽量让老人满意。不过，作为老年人一方，自己应有一个正确的认识和态度，讲究点相处的方法和"艺术"，也是十分重要的。在必要的时候不妨装聋作哑，这是很明智的。

情景展现

唐代宗时，郭子仪在平定安史之乱中战功显赫，成为复兴唐室的元勋。因此唐代宗十分敬重他，并且将女儿升平公主嫁给郭子仪的儿子郭暧为妻。这小两口都自恃有老子做后台，互相不服软，因此免不了口角。"

有一天，小两口因为一点小事拌起嘴来，郭暧看见妻子摆出一副臭架子，根本不把他这个丈夫放在眼里，使愤懑不平地说：

"你有什么了不起的，就仗着你老子是皇上！实话告诉你吧，你爸爸的江山是我父亲打败了安禄山才保全的，我父亲因为瞧不上皇帝的宝座，所以才没当这个皇帝。"

在封建社会，皇帝唯我独尊，任何人想当皇帝，就可能遭满门抄斩的大祸。升平公主听到郭暧敢出此狂言，感到一下子找到了出气的机会和把柄，立刻奔回宫中，向唐代宗汇报了丈夫刚才这番图谋造反的话。她满以为父皇会因此重惩郭暧，替她出口气。

唐代宗听完女儿的汇报，不动声色地说：

"你是个孩子，有许多事你还不懂得。我告诉你吧，你丈夫说的都是实情。天下是你公公郭子仪保全下来的，如果你公公想当皇帝，早就当上了，天下也早就不是咱李家所有了。"并且对女儿劝慰一番，叫女儿不要抓住丈夫的一句话，乱扣"谋反"的大帽子，小两口要和和气气地过日子。在父皇的耐心劝解下，公主消了气，自动回到了郭家。

这件事很快被郭子仪听到了，可把他吓坏了。他觉得，小两口吵架不要紧，儿子口出狂言，近似谋反，这着实叫他恼火万分。郭子仪即刻令人把郭暧捆绑起来，并迅速到宫中面见皇上，要求皇上严厉治罪。

可是，唐代宗却和颜悦色，一点也没有怪罪的意思，还劝慰说：

"小两口吵嘴，话说得过分点，咱们当老人的不要认真了，不是有句俗话说'不痴不聋，不为家翁'。儿女们在闺房里讲的话，怎好当起真来？咱们做老人的听了，就把自己当成聋子和傻子，装作没听见就行了。"

听到老亲家这番合情入理的话，郭子仪的心里就像一块石头落了地，顿时感到轻松，眼见得一场大祸化作芥蒂小事。

心灵物语

小两口关起门来吵嘴，在气头上，可能什么激烈的言辞都会冒出来。如果句句较真，就将家无宁日。杀人不过头点地，自己又能得到什么好处？唐代宗用"老人应当装聋作哑"来对待小夫妻吵嘴，不因女婿讲了一句近似谋反的话而无限上纲、大动杀机，而是化灾祸为欢乐，使小两口重归于好。他的这笔利弊得失的账算得很明白。

都说"儿大不由娘"，子女已然成家立业，他们自然能处理好自己的事情，做父母的应该给予他们自己的空间，事事过问、事事插手，反而会使夫妻间的矛盾因外力而加剧。

女人要糊涂，生活才幸福

两个再好不过的恋人，也是两个独立的"世界"。这两个完全独立的个体，只能互相关照、互相谅解，最大可能地去异求同，而绝不可能完全重合为一。鉴于此，为使小家庭里爱情之花常开不萎，都能开开心心地去从事社会工作，就要从互相关照、互相谅解和去异求同上下功夫，这就是"方圆"维系家庭和睦的真谛所在了。

但令人烦恼的是，这两个相爱的人却往往表现出极为强烈的不信任，总想把对方了解得一清二楚，总想让对方按照自己的意志行事，总怀疑对方对自己的忠贞。有理论家把这类现象归纳为由于"爱"而产生的恐惧症，是获得之后的最不愿意失去。对于控制对方，无论男人还是女人，都有自己的一套方式方法。尤其是女人，最容易表现出不容对方喘息的执着。

人生中的七味心药

据资料记载,湖南省的某个山区,曾流传过一种用女人自己创造的文字书写成的"女书",里面全是只有女人才看得懂的秘密。书中有关于"蛊"药的配制方法,是妻子专门用来对付丈夫的。在丈夫出门办事时,女人会按出门时间的长短,把一定量的"蛊"药放入男人的饭菜里,待他吃下,告诉他到时候一定得回来,男人就会嗖地吓出一身冷汗,牢记时间一刻也不敢耽误地赶回来,向老婆讨足量的解药吃。如果耽搁了行程,没有如期回到老婆身边,就会弃尸他乡的。至于特别喜欢盯梢儿,动不动就搞点儿心理测试,从你的一举一动、一言一行中找出移情别恋的端倪来,则是许多女人和男子的通病了。

中国古代有一个很"美丽"的悲剧故事,叫作《秋胡戏妻》,说的是男人的不是。但用当代的观点看问题,悲剧里的女人本来是受害者,但因为"醋"劲十足,最终性命不保。

情景展现

有个叫秋胡的人,娶妻五天就离家到外地做官去了。五年之后春风得意地回来了,快走到自家村庄的时候,看见桑林里有一位楚楚动人的女子在采桑叶,把这个秋胡看呆了,就下了马车,走到女子面前,以就餐、求宿、许金进行挑逗,结果被女子一一回绝。回家后,见过父母,使人召回妻子,一看,竟是那位采桑叶的妇人。秋胡觉得惭愧不说,妻子开始数落起他来,说他离别父母五年了,不是着急回家,反而调戏路边的妇人,是不孝,是不义。不孝的人,就会对君不忠;不义的人,则会做官不清。于是,她出村往东跑去,投河自尽了。

按封建社会的伦理道德(《素女经》),采桑的女子没有对调戏她的男人立即顶撞回去或马上走开,虽为拒绝却有周旋之嫌,这就失去了贞节,就应该选择去死了。所以,后人为了表彰她的节烈,建起了一座座的"秋胡庙"。庙里供奉的却是这位青年女子,因为她没有留下自己的名字,所以就用她丈夫的名字作了庙名。

心灵物语

其实，这位女子大可不必如此，她的丈夫已经表示惭愧了，他也并没有什么轻佻的言行，完全可以教训丈夫几句，就什么都过去了。问题是她对于丈夫的期望过高，认为丈夫将来一定不会忠于他们的爱情，与其将来难受，不如现在一死了之，结果，白白断送了年轻的生命。

生活就是如此，太过计较的女人未必可以获得幸福。在婚姻与爱情的舞台，无论男女，都不要将自己锻炼成那个太计较、太精明的人。幸福的来源在于方圆与精明之间，所以，你一定要演好自己的角色。

宽可容忍，厚能载物

所谓"宽以待人"就是善意地对待别人的不足和缺点。因为无论在怎么看起来都是完美的人身上，至少也会有一两个缺点，有的缺点甚至在别人看来难以接受。明朝有位学者说过这样的话："人有不及者，不可以己能病之。"也就是说，看到别人的缺点、不如自己的地方，不能因为自己这一点比别人强，就自视过人甚至看不起对方。

每个人都会犯错，可是我们往往能很快原谅自己，却无法原谅别人。这种原谅自己却不原谅别人的行为是软弱的表现，因为你只敢面对自己的过错，却无法面对别人的过错。每个人都有犯错的时候，有的错误还是无意间造成的，是无心的。如果换个角度想想，你是那个犯错的人，是不是希望你"得罪"的那个人能原谅你？如果对方原谅你，你的心情又是怎样的？对人要有宽容之心，有的时候对方的做法可能不是有心的，是无意的冲动行为。知道他不是有心的，就不要把这件事再放在心里，而应该忘了它。

诚然，即使一个非常宽容的人，也往往很难容忍别人对自己的恶意诽谤和致命的伤害。但唯有以德报怨，把伤害留给自己，才能赢得一个充满温馨的世界。"以恨对恨，恨永远存在；以爱对恨，恨自然消失"。

面对那些无意的伤害，宽容对方会让对方觉得你心胸博大，可以消除无心人对你造成伤害后的紧张，可以很快愈合你们之间不愉快的创伤。而面对那些故意的伤害，你博大的心胸会让对方无地自容，因为宽容对方则体现出的是一种境界。宽容是对怀有恶意者最有效的回击，不管别人有意还是无意伤害了你，其实他的内心也会感到不安和内疚，或许是因为碍于所谓的"面子"而不肯认错，而你的宽容就会使彼此获得更多的谅解、认同和信任。自己也有犯错的时候，并会因为犯错觉得担心，不知所措，希望对方能原谅自己，同时也会对自己的缺点忐忑，不希望被别人看不起。所以就要站在对方的角度考虑，当自己遇到不原谅别人错误的人会怎么想。

事事计较是不会有什么结果的，已经发生了的事情不会有任何改变，也不能扭转任何已经发生了的事情。以宽容的态度待人，以理解作为基础，站在客观的角度给人评价，可以从别人身上学到自己所没有的长处和优点，也能使自己对对方的不足给予善意的充分理解。在日常生活中，时不时都会有如何要求别人的时候，还有如何对待自己的问题。能否把握好一个律己和待人的态度，不仅能充分反映出一个人的修养，还能培养与人之间的良好关系。

情景展现

一次战争中，某部队与敌军在森林中相遇。一番激战过后，两名士兵与所在部队失去了联系，而且他们还是来自同一城市的老乡。

二人在大森林中迷失了方向，他们艰难地走着，不断地互相鼓励、互相安慰。七八天过去了，他们仍未走出森林，找到部队。这一天，二人猎获了一只狍子，靠着这份保障，他们又苦熬过了数日。或许是战争的烟火惊扰森林中的动物们，使它们逃向了别处，此后二人再没猎过任何大型的动物，只能以一些松鼠、鸟雀充饥。

破船更遇打头风，这一天，二人再次与敌人遭遇，一阵交锋过后，他们巧妙地避开了敌人追击，但是子弹已然所剩无几，每人身上也只剩下了一些松鸭肉。就在他们自以为已经安全时，突然"砰"的一声，走在前面的士兵中弹倒地。好在"敌人"的枪法不准，这一枪打在了肩头上！后面的士兵慌忙跑上前去，他的身子在发抖，他语无伦次，抱着战友痛哭不已。随后，他颤抖着帮战友取出子弹，并将自己的军装撕碎，帮他包好伤口。

当晚，未受伤的士兵发起了高烧，迷迷糊糊中他一直喊着自己母亲的名字。这时，二人都以为自己将命丧于此，他们甚至不相信自己能熬过这一夜，但尽管这样，他们谁也没有去吃自己身上的松鸭肉。第二天，部队找到了他们……

40年后，已入古稀之年的老士兵坦言："我知道当时是谁向我开的那一枪，他就是与我共患难的战友！当他抱住我时，我感到了枪管的灼热。我无论如何也想不明白，他为什么要打出这一枪。但事实上，当晚我就原谅了他，因为我听到他在大叫自己母亲的名字。我恍然大悟，他是想要我身上的松鸭肉，他是想为自己的母亲活下来，这难道不值得原谅吗？此后30年，我一直装作一无所知。可惜的是，他母亲还是没有等到他回来便离世了。那天，我们一起去祭拜老人家，他在墓前跪了下来，要我宽恕他。我打断了他的话，没有让他继续说下去，这样我们又做了10年的朋友。"

心灵物语

唯宽可以容人，唯厚可以载物；有容乃大，不容无物。当你犯错时，也渴望得到别人的谅解，得到别人的支持。同样地，别人犯错时，

第三篇　心不宽，钻角尖：扩展心的容积

105

也抱着这样的心情。所以，打开你心里的那扇窗户吧！你会发现，当你对别人表示宽容的同时，也会得到同样的回报，而你的朋友会越来越多。

从某种意义上说，一个人能容下多少，他就能成就多大的事业。如果连一个人也不能容忍，那他也只能顾影自怜、自娱自乐了，说好听点叫孤芳自赏。如果一个人能够容纳天下的人，那就可以做大事了。

宽恕净化心灵

宽恕别人，就是善待自己。仇恨只能让我们的心灵永远封存在黑暗之中；而宽恕却能让我们的心灵获得自由、获得解脱。

其实，宽恕别人的过错，得益最大的是我们自己。曾有这样一个案例，荷兰的一所著名大学的研究人员组织了一批志愿者做了一项有关"宽恕"的实验。

志愿者们被要求想象他们被人伤害了感情，并反复"回忆"被伤害时的情景。研究人员发现，此时的志愿者在身体上和精神上的压力同时加大，伴随着血压升高，他们心跳加快、出汗、面部表情扭曲。之后，研究人员又要求他们停止想自己被别人伤害的事情，虽然没有刚才的生理反应大，但是某些生理症状却依旧存在。最后，志愿者被要求想象已经原谅了自己的"假想敌"，这时，志愿者感到身心放松并且非常的愉快。

这样，研究人员得出结论：宽恕别人，不意味着为犯错的人找借口，而是将目光集中在他们好的方面，从而把自己从痛苦中拯救出来。这正应了那句话：不要拿别人的错误来惩罚自己。

情景展现

20世纪50年代，中国台湾的许多商人知道于右任是著名的书法家，纷纷在自己的公司、店铺、饭店门口挂起了署名于右任题写的招牌，以此招徕顾客。其中确为于右任所题的极少，赝品居多。

一天，一学生匆匆地来见于右任，说："老师，我今天中午去一家平时常去的小饭馆吃饭，想不到他们居然也挂起了以您的名义题写的招牌。明目张胆地欺世盗名，您老说可气不可气！"

正在练习书法的于右任"哦"了一声，放下毛笔，然后缓缓地问："他们这块招牌上的字写得好不好？"

"好我也就不说了。"学生叫苦道，"也不知他们在哪儿找了个新手写的，字写得歪歪斜斜，难看死了。下面还署上老师您的大名，连我看着都觉得害臊！"

"这可不行！"于右任沉思片刻，说道，"你说你平时经常去那家馆子吃饭，他们卖的东西有啥特点，铺子叫个啥名？"

"这是家面食馆，店面虽小，饭菜都还做得干净。尤其是羊肉泡馍做得特地道，铺名就叫'羊肉泡馍馆'。"

"呃……"于右任沉默不语。

"我去把它摘下来！"学生说完，转身要走，却被于右任喊住了。

"慢着，你等等。"

于右任顺手从书案旁拿过一张宣纸，拎起毛笔，刷刷在纸上写下了些什么，然后交给恭候在一旁的学生，说道："你去把这个东西交给店老板。"

学生接过宣纸一看，不由得呆住。只见纸上写着笔墨酣畅、龙飞凤舞的几个大字——"羊肉泡馍馆"，落款处则是"于右任题"几个小字，并盖了一方私章。整幅书法，可称漂亮之至。

"老师，您这……"学生大惑不解。

"哈哈。"于右任捋着长髯笑道，"你刚才不是说，那块假招牌的字实在是惨不忍睹吗？这冒名顶替固然可恨，但毕竟说明他还是瞧得上我于某人的字，只是不知真假的人看见那假招牌，还以为我于大胡子写的字真的那样差，那我不是就亏了吗？我不能砸了自己的招牌，坏了自己的名头！所以，帮忙帮到底，还是麻烦老弟跑一趟，把那块假的给换下来，如何？"

"啊，我明白了。学生遵命。"转怒为喜的学生拿着于右任的题字匆匆去了。就这样，这家羊肉泡馍馆的店主竟以一块假招牌换来了当代大书法家于右任的墨宝，喜出望外之余，不免有惭愧之意。

心灵物语

你若能容下这个世界，这个世界也能容下你。你不用心挤兑这个世界，这个世界也不会挤兑你的心。这个世界是宽广的，你的心跟它一样宽广，你肯定会"量大福大"——至少你的心灵会是幸福的。

宽恕，亦是一种心灵净化。当我们手捧鲜花送给他人时，首先闻到花香的是我们自己；而当我们抓起泥巴想抛向他人时，首先弄脏的就是我们自己的手。

常怀感恩，淡却仇怨

谁没有与人发生过矛盾？谁没有受过丝毫委屈？智者的聪明之处在于，他们绝不会将仇恨深刻于心，让它无时无刻地折磨自己。他们知道，唯有"相逢一笑泯恩仇"的豁达与宽容，才是自己拓宽人脉的法宝。

我们大概都对这样一句话耳熟能详："冤冤相报何时了。"这句话不仅适用于"江湖"，更适用于我们的日常生活。现实中有一些人，总是计较这样的事：谁曾在过去招惹过我，谁又曾在某时让我下不了台，将来找机会一定要好好整他一顿，出口恶气。其实，这种"恶气"并非来源于别人，正是他自己催生的。可以想象，他倘若在某个时候得到机会去整别人，势必会引起新的怨隙，这于人于己都是有害无益的事。

一个有修养的人不同于常人之处，首先在于他的恩怨观是以恕人克己为前提的。一般人总是容易记仇而不善于怀恩，因此有"忘恩负义""恩将仇报""过河拆桥"等说法，古之君子却有"以德报怨""涌泉相报""一饭之恩终生不忘"的传统。为人不可斤斤计较，少想别人的不足、别人待我的不是；别人于我有恩应时刻记取于心。人人都这样想，人际就和谐了，世界就太平了。用现在的话讲，多看别人的长处，多记别人的好处，矛盾就化解了。

感恩是一种境界，是一种生活态度，是一种处世哲学，更是一种人生智慧。学会感恩，这是做人的基本。感恩不是单纯的知恩图报，而是要求我们摒弃狭隘，追求健全的人格。做人，应常怀感恩之心，记住别人对我们的恩惠，洗去我们对别人的怨恨。唯有如此，我们才能在人生的旅程中自由翱翔。对人对事，我们若能将恩惠刻在石头上，将仇恨写在沙滩上，那么，我们的人生将会异常的富足、异常的饱满。

情景展现

著名作家阿里有一次和吉伯、马沙两位朋友一起旅行。

三人行经一处山谷时，马沙失足滑落，幸而吉伯拼命拉住他，才将他救起。马沙于是在附近的大石头上刻下了："某年某月某日，吉伯救了马沙一命。"

三人继续走了几天，来到一处河边，吉伯跟马沙为了一件小事吵起来，吉伯一气之下打了马沙一耳光。马沙跑到沙滩上写下："某年某月某日，吉伯打了马沙一耳光。"

当他们旅游回来之后，阿里好奇地问马沙为什么要把吉伯救他的事刻在石上，而将吉伯打他的事写在沙滩上？

马沙回答:"我永远都感激吉伯救我。至于他打我的事,我会随着沙滩上字迹的消失,而忘得一干二净。"

心灵物语

"君子报仇,十年不晚"这种偏激狭隘的话,不仅能误导人的精神言行,而且会改变一个人的一生。倘若付诸行动,则有可能产生毁己害人的恶果。聪明善良的人无论从哪种角度出发,都不会采取这种不明智的做法。

所谓"我弃功于人不可念,而过则不可不念;人有恩于我不可忘,而怨则不可不忘"。感恩是华夏民族传承了几千年的传统美德,从"滴水之恩,涌泉相报"到"衔环结草,以谢恩泽",以及我们常说的"乌鸦反哺,羔羊跪乳","感恩"在国人心中有着深厚的文化底蕴,滋养了一代又一代人。

容人所不能容

忍受常人所不能忍受的,宽容常人所不能宽容的,处常人所不能处的境况。只有心胸开阔,才可以宽容别人;只有忠厚仁义,才可以容纳万物。

有这样一副楹联:"满腔欢喜,笑开古今天下愁;大肚能容,了却人间多少事。"没错,它说的就是弥勒佛,见过弥勒佛像的人,往往都会陶醉于弥勒菩萨无与伦比的朗笑中,更羡慕他的超级大肚子,但又有几人能够参透其中的禅意呢?

有一尊数百年前的弥勒佛像,因年久失修而残损,于是寺里请来佛工为其修葺。当佛工揭开弥勒佛的腹部,准备加固翻新时,在场的方丈和僧侣们无不惊愕动容——弥勒佛像的腹里居然装着十二个男女老少的陶俑！

弥勒菩萨容人所不能容，容尽天下苍生，这是何等伟大的胸怀！这才是宽容的真谛，更是一种令人感动的仁爱。亦如法国作家雨果所说："世界上最宽广的是海洋，比海洋更宽广的是天空，比天空更宽广的是人的胸怀。"我们或许无法做到佛祖那般博怀，但至少我们可以为自己的心灵创设一种大格局，忍人所不能忍，容人所不能容，若如此，则我们必能处人所不能处。

大肚弥勒佛之所以深得人心，并且自己也能常葆快乐，就在于他心量广大，能容天下难容之事。那么在现实生活中，我们能否真正找到心量广大的普通人呢？能，因为能容所以他也变得并不普通。

情景展现

在河南省方城县，11年前，孔某沉浸在喜得千金的兴奋中时，妻子张某却告诉了他一个残酷的事实：这个新生命是她和别人的孩子！经过一番痛苦挣扎，孔某最终宽容了妻子，并将孩子视如己出。然而，11年后，这个孩子却患了白血病，生命告急！孔某能够做出惊人之举，允许妻子再次怀上旧情人的孩子用脐血干细胞挽救第一个孩子的生命吗？一方面是有悖传统道德的"奇耻大辱"，一方面是对11岁花季少女生命的无私拯救，孔某一颗平常而博大的心，被亲情和伦理这两条绳索揪紧了……

2003年4月10日上午，并非孔某亲生女儿的小华（化名）在学校突然晕倒，到医院诊病，结果确诊小华患的是要命的淋巴性白血病。

医生对孔某夫妇说，要想治好小华的病，需要张某再生个孩子，用新生儿的脐血挽救小华。这就意味着张某必须与旧情人任某再生一个孩子，这怎么可能呢？妻子张某痛苦地低下了头，孔某更是痛苦万分：本来小华就不是自己的骨肉，怎么能再要一个又不是自己骨肉的孩子呢？

经过反复思考，孔某做出了一个令人难以置信的决定：让张某与任某再生一个孩子救小华！然而，这个决定遭到了张某的坚决反对："这十多年来，我们早就没有任何来往，况且双方都已有家室，你让我怎么跟他讲？再说，我至死都不想让任某知道小华是他的亲生女儿，我更不能再做对不起你的事啊！"

"生命高于一切。为了小华的生命，请你好好考虑考虑吧！"孔某诚恳地对张某说。张某又何尝不想救女儿呢？只是她万分珍惜与孔某的感情，实在不愿让这份感情再受到任何玷污了。

考虑了三天，张某觉得自己无论如何都不可能再和任某有什么瓜葛。如果能用其他的方法与任某再生一个孩子，倒还可以考虑。与孔某商量后，夫妇俩坦率地把自己的隐私对大夫讲明了，大夫说："你们可以采用人工授精的方法怀孕，这样也能使孩子获救。"

2004年春节前夕，孔某找到并说服了任某，使任某答应捐出精子。

2004年3月医生为张某做了特殊的人工授精手术。手术做得很顺利。一个多月以后，张某就怀孕了。看着妈妈渐渐隆起的肚皮，小华知道新的小生命与自己的生命紧紧相系，久违的笑容再一次回到了她的脸上。

2005年1月5日，张某在县妇幼保健院顺利产下一个女婴。生产以后，孔某当即带上装在保温箱里的一段脐带，到省人民医院做配型化验。1月11日，从郑州传来喜讯，配型成功！2月7日，张某刚刚坐完月子，孔某和她就带着两个女儿到医院，找到了大夫，大夫马上安排孩子住院。观察七天后，为小华做了亲体配型脐血干细胞移植手术。手术进行了两个半小时，非常成功。住院观察期间，小华未出现大的排异反应，于3月11日痊愈出院。小华稚嫩的生命终于又重新扬起了希望的风帆。

心灵物语

天空可以收容每一片云彩，无论其是美是丑，所以天空辽阔无边；泰山能接纳每一块石砾，不论其大小，所以泰山一览众山小，沧海不择细流，故而能就其深；人若能容他人所不能容，则必是人中之佛。

第四篇
心不诚,事不灵:拔掉心中劣根

心诚者无论对人或是对事,势必将信誉放在首位,他们绝不肯失信于人,即便是"不可抗力",也必然会全力以赴;心诚者绝不肯轻易放弃,一旦确立了目标,便会矢志不移,因为他们相信"精诚所至,金石为开"!这样的人总是能够得到他人的信任,这样的人总是能够微笑地站在人生的领奖台上。

对事不忠，做事不成

有人问一位成功学家："你觉得大学教育对于年轻人的未来是必要的吗？"这位成功学家的回答发人深省：

"单单对经商而言不是必需的。商业更需要的是高度负责精神。事实上，对于许多年轻人来说，大学教育意味着在他们应当培养全力以赴的工作精神时，被父母送进了校园。进了大学就意味着开始了他一生中最惬意、最快活的时光。当他走出校园时，年轻人正值生命的黄金时期，但此时此刻他们往往很难将自己的身心集中到工作上，结果眼睁睁地看着成功的机会从身边溜走，真是很可惜啊。"

每个人都希望自己的事业能够成功，但做到这一点又谈何容易？只因为大部分人缺乏对事业的忠诚。须知，要想成功，你就必须具有尽职尽责、持之以恒等精神。

任何一家想在竞争中胜出的公司都必须设法使每个员工对工作负责。因为没有负责精神的员工，根本无法为顾客提供高质量的服务，同样更难以生产出高质量的产品。推而广之，一个国家如果想立于世界之林，也必须使其国民具有高度责任感：警察应该尽职尽责为民众服务；行政官员应该勤奋思考并制定和执行政策；议员代表应该勤于问政……只有每个人都做到尽心尽责，社会才会真的和谐。

然而，无论我们从事什么行业，无论到什么地方，总是能发现许多投机取巧、逃避责任、寻找借口的人，他们不仅缺乏一种神圣使命感，而且缺乏对人生意义的理解。

对工作高度负责的态度，表面上看起来是有益于公司，有益于老板，但最终的受益者却是自己。

当我们将负责变成一种习惯时，就能从中学到更多的知识，积累更多的经验，就能从全身心投入工作的过程中找到快乐。这种习惯或许不会有立竿见影的效果，但可以肯定的是，当"不负责"成为一种习惯时，其结果可想而知。工作上投机取巧也许只给你的老板带来一点点的经济损失，但是却可以毁掉你的一生。

也许对于一个对工作还不是太熟悉的人而言，高度负责仍然不能将工作做到位，但坚持下去就不会再有任何困难。如果没有这种高度负责精神，那么困难就永远都会是困难。工作不怕你不会做，而怕你不负责地去做。志在成功的朋友，请一定要忠诚于自己的事业。

毫无疑问，只有对自己的事业足够忠诚，你才能换来成功，才能在自己的人生中留下浓墨重彩的一笔。

情景展现

在西班牙与美国的战争一触即发之际，当务之急是让军队统帅得知古巴情况。可是，加西亚将军隐蔽在深山之中，没有人知道他在哪，也无法与之取得联系。但情势紧急，美国总统必须要与他达成合作，该怎么办？

这时有人报告："罗恩可以帮您把信送给加西亚。"

罗恩接到命令以后，甚至没有问一句"他在哪"，便出发了。

他将信用油布密封、绑在胸前，偷渡古巴海岸、穿越丛林、步行穿过西班牙军队辖区，冒着生命危险，历尽千辛万难，最终将信交给了加西亚。

没有人知道他是怎样做到这一切的，他甚至连加西亚的具体位置都不得而知。但是，他做到了，而这一切只源于他心中有一种坚定的信念——无限忠诚于自己的事业！

人生中的七味心药

心灵物语

即便你才华横溢，但若缺乏恪尽职守、持之以恒的精神，在任何一个地方，你都不会受到重用；从事何种事业，你都不会成功。

一个对自身事业都不负责任的人，一定是一个缺乏自信的人，散漫怠惰的人，也是一个无法体会快乐真谛的人。要知道，当你放弃对事业的忠诚时，实际上也是放弃了自己的快乐和信心。

君子立志，不因物移

人贵有志。但"志"对于人来说，不能仅仅作为一个符号和标记。人一旦树立了远大理想和生活目标，就要对它负责；这同时也是对自己负责。在追求事业理想的过程中，坚毅自信，果敢不疑，不随波逐流，不轻信盲从，这些都是必要必需的品质。倘若总在口头上谈理想谈得眉飞色舞，临到阵前却又退缩，抱怨条件艰苦，那么这种人要么是懦夫，要么是伪君子，不仅不宜与之"论道"，甚至连与之交友都要三思。所以孔子说："读书人有志于追求真理，而以穿破旧衣服、吃粗劣食物为耻辱的人，是不值得与之谈论真理的。"另一方面，对于自身，我们也要时时自查自省，看自己是否也有类似的毛病，以防拖累自己前进。

在开放的社会生活中，人人各有其"道"；但无论你所树立的是怎样的"道"，信念坚定、不以物移，应该是必须坚持的原则。只有如此，才会使自己理想中的东西，不会一直遥遥无期。

所以，在你决定开始做某一件事之前，首先要慎重，要考虑清楚"它"究竟值不值得去做，但在开始之后，就绝不可以轻易放弃。诚然，在当今这个时代，计划确实没有变化快，但这绝不是你放弃的理由。要想生存，你就必须学着去适应这种变化，而不是因变化而放弃自己的目标。在这个过程中，你可能会遇到很多困难，承受很大压力，但只要眼睛盯住前方，凭借坚忍的毅力，射出去的箭就一定可以正中靶心。

现代社会，无处不在的诱惑常常使我们陷入犹豫和迷失之中，令我们向着目标的努力半途而废。所以，从这个意义上讲，"士志于道，不以物移"的精神，确实是我们成就一番远大事业的保证。

情景展现

1994年，朱威廉带着3万美金来到上海。他想得很天真，以为来了就可以成就一番大事业。可到了上海他才发现，自己的想法竟是如此幼稚——别人投资动辄几十万甚至几百万美金，而自己只有区区3万。而且，他一到上海就住在了高级宾馆中，每晚至少要花费200美金。半年之内，朱威廉连续搬家，从五星到四星、三星、两星、一星、没星，最后落魄到租住一间二十多平方米的旧民房，连空调都没有安装。这时候，他的口袋里只剩下了几千块美金。

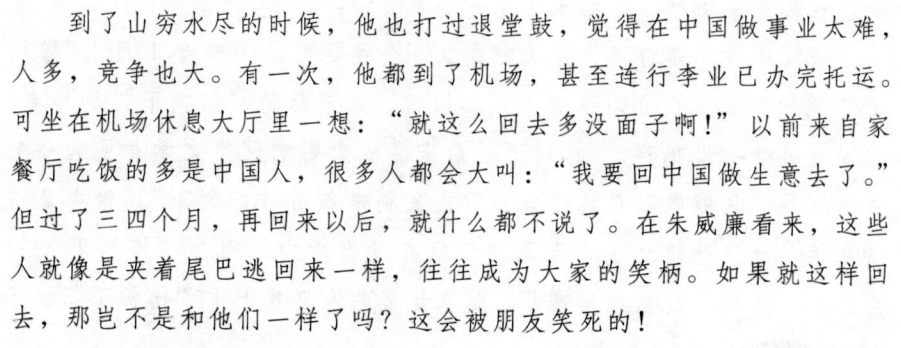

到了山穷水尽的时候，他也打过退堂鼓，觉得在中国做事业太难，人多，竞争也大。有一次，他都到了机场，甚至连行李都已办完托运。可坐在机场休息大厅里一想："就这么回去多没面子啊!"以前来自家餐厅吃饭的多是中国人，很多人都会大叫："我要回中国做生意去了。"但过了三四个月，再回来以后，就什么都不说了。在朱威廉看来，这些人就像是夹着尾巴逃回来一样，往往成为大家的笑柄。如果就这样回去，那岂不是和他们一样了吗?这会被朋友笑死的!

于是，在飞机起飞前，朱威廉又决定重整旗鼓，从头开始，背水一战!

创业之初，他只有一间15平方米的办公室，一台从美国运来的苹果机，后来招聘了两名员工，有了一点小小的知名度。那时，朱威廉还

人生中的七味心药

亲自跑业务，并且一连做成了几笔小生意。有了成绩，他又在大学里招了几名员工。可是好景不长，他的业务经理挖了自家墙脚，将大部分员工带走另起炉灶。朱威廉的账户里就只剩下两三百元人民币了。这件事给了他很大刺激，同时也给予了他极强的动力，他越发努力起来。几年以后，他获得了"沪上直邮广告大王"的美誉，他的总公司设在上海，员工人数达90余名。此外，在北京、重庆，朱威廉又都设立了分公司。1997年，他的公司成功加盟世界上最大的广告集团。

刚到上海时，朱威廉觉得中国的人文环境与美国文化背景差异很大，总是和人沟通不到一起去，他几乎没有朋友，一个人很孤独。于是，朱威廉经常在网上写些东西，开始的时候，只是放到其他网站上，后来就想拥有一个属于自己的、比较安静的"地盘"，可以让大家都来真诚地写点东西，互相交流一下。在这种想法的驱使下，朱威廉开设了"榕树下"网站，他先把自己写的东西放上去，后来，"路过此地"的人也开始投稿。这些文章一开始都是先投到他的信箱中，由他编辑好后再放到网站上，这样就可以控制稿件的质量。开始时，每天只有一篇、两篇，后来越投越多，多到每天接近上百篇。这样一来，朱威廉一下班就得回家进行更新，根本没有时间处理其他事情。有一次他去伦敦开会，在那里更新网站，结果花了一千多英镑。

长此以往不是办法，他决定成立一个编辑部。1999年1月，"榕树下"编辑部正式成立，设有十几位编辑，原来都是"榕树下"的作者。当时他做梦也没想到，"榕树下"后来会成为影响网络文学发展的一个重要网站。朱威廉以自己广告公司的赢利来养着"榕树下"，仅在最初的半年，开支就超过了百万元，但他并没有后悔，因为"榕树下"的点击率、访问人数在成倍增长，越来越多的人喜欢上了"榕树下"。

心灵物语

作家王安忆曾说道，"榕树下"是"前人栽树，后人乘凉"，这让朱威廉非常感动，或许这正是对朱威廉坚持理想的一个最大赞誉。

开弓没有回头箭，箭镞一旦射出，必然是有去无回。人生同样如此，迈出脚步以后，若发现路上设有障碍，不妨绕过去或是另辟途径，但绝对不能后退到原点，这是有理想、有抱负的年轻人必须奉行的一种坚持！

学而不倦，一生进取

人的一生短暂，但生命的成长和精神境界提升的历程却是一个漫长的过程。许多人都在追逐一些华而不实的东西，却忽视了作为人一生中一切事物的根基的进德修业功课，以致到头来才发觉自己的一生其实都处于浑浑噩噩的状态中，并未取得任何实质性的成就。

正所谓"学无止境"，为学修业绝不应该满足。人这一生需要学习的东西数不胜数，我们应该有的放矢，身上缺少什么，就补充什么，如此才能不断地完善自己。

毫无疑问，学习是有利于人生进步的，同时，它亦可充实我们的生活。一个人如果知道自己学得不够，自然而然就会谦虚谨慎，而越学又越会觉得自己无知、渺小，于是乎自己的感悟及收获就会大增。

毫不过分地说，学习，就是我们"点石成金的手指"，是我们立足于社会的根本。在"千军万马过独木桥"的今天，唯有懂得学习、会学习，才能出人头地，摘下属于自己的胜利果实。

自我的完善不仅是为人处世的前提条件，更是自身充实生命的需要，因此，需要时时处处勤奋努力。即使这样，也未必能达到无可挑剔的境界。但因此而放松懈怠，却更是一种自弃。没有人能够在自己的生

人生中的七味心药

命之外，找到真正能安身立命的所在。

所以，每一个志在成功的人必须不断在工作和生活中学习新的知识、汲取新的养分，借以不断提升自身的能力。要知道，在知识"折旧"的过程中，即便是原本可以"点石成金"的手指，也会逐渐失去光泽，最终变得与普通手指一般无二。

情景展现

众所周知，毛泽东可谓是终身学习的典范。

毛泽东8岁时，父亲便将他送到附近的私塾。在这里，毛泽东学习了《三字经》《论语》《孟子》和《诗经》等国学大作。不过毛泽东有一个"怪癖"——读书从不出声来，常常急得私塾先生要点他背书。

"阿公，您老人家不要点，省得费累！"某一天，毛泽东恭敬地对先生说道。

"你读书之人，不点书怎么要得？"

"您不相信？我背给您听听！"毛泽东充满自信。

先生一一点来，没想到他果然都能背得只字不差，甚至一些先生还没有教过的书，他都能背诵出来。

当然，毛泽东主席并没有过目不忘的本领，这完全得益于他的勤奋好学。

原来，他每天回到家里，除了劳动，就是埋头读书。炎热的夏夜，蚊子成群结队地往人身上叮，毛泽东便钻进蚊帐，在床前放一盏灯，把头伸到帐子外面看书。有时蚊子在头上和脸上叮了好多包，他还浑然不知，依然聚精会神地读着。

毛泽东一生都没有放弃学习。他在延安时，亦曾大力倡导干部们加强学习："年老的同志也要学习，即使我还能再活10年死，也要学9年356天。"毛泽东一生读书之多、之广、之深、之活，世所罕见，但他并没有就此满足，他曾不止一次说过"三天不学习，赶不上刘少奇"，这不仅是对刘少奇同志的一种夸赞，同时也是对于自己的一种激励。在他看来，"学习的敌人就是自我满足，要认真学习一点东西，必须从不自满开始"。

心灵物语

"掌上千秋史，胸中百万兵"！毛泽东主席之所以能够成为杰出的政治家、文学家不是靠手段，更不是靠运气，靠的是坚持不懈地修业进德，不断地提升自己。这样，他的水平达到了那种层次，并且有一种积极向上、旷达圆融的精神贯穿支撑，就难怪他会在芸芸众生中脱颖而出了。

坚持到底就是胜利

在人生和事业的进程中，一个人的起点可能很低，但只要能不断向前奋进，未来还是充满希望的。积少成多，大事终成；半途而废，则会前功尽弃。或进或止，成功失败，其实都在自己掌握，而别人和环境的影响因素是不能完全主导的。世界上多少大事业，都是由那些自强不息的人一点一滴从头干起来的。道德、学问，以及事业的开创与成功，这种规律都基本适用。

俗语云："宝剑锋从磨砺出，梅花香自苦寒来。"宏图大业不是异想天开、一蹴而就的，不经一番风霜苦，哪有梅香扑鼻来？成大功、立大业者，都得经过艰苦卓绝奋斗得来的，几乎可以说，任何人所能取得的成就，基本上都是一点一滴积累起来的。细节上渐渐积累，战略上目光长远，进取心百折不挠，方可替自己事业的成功奠下厚实的基石。

人生中的七味心药

为学做事的道理，就好比堆土为山，只要坚持下去，总归有成功的一天。否则，眼看还差一筐土就堆成了，可是到了这时，你却歇了下来，一退而不可收拾，也就会功亏一篑，没有任何成果。所以说，只有勤奋上进，不畏艰辛一往无前，才是向成功接近的最好途径。

情景展现

1876年，在奥匈帝国首都维也纳，罗伯特·巴拉尼带着哭声来到了这个世界。他出生在一个犹太家庭，年幼时不幸患上骨结核病，由于贫困没钱根治，他的膝关节最终落下残疾——永久性僵硬。父母为儿子感到伤心，巴拉尼当然也痛苦至极。然而，尽管当时只有七八岁，但他却懂得把自己的痛苦隐藏起来，他对父母说："你们不要为我伤心，我完全能做出一个健康人的成就。"听到儿子的这番话，父母悲喜交集，抱着他泪流满面。

从此，巴拉尼狠下决心，一定要证明自己不比别人差！父母为儿子的坚强、"好胜"大感欣慰，他们每天交替接送巴拉尼上下学，10余年风雨不改！巴拉尼也没有辜负父母的心血，没有忘掉自己的誓言，从小学至中学，他的成绩一直在同年级学生中名列前茅。

18岁时，巴拉尼考入维也纳大学医学院，并于1900年获得了博士学位。大学毕业以后，作为一名见习医生，他留在了维也纳大学耳科诊所工作，由于工作努力，颇受该大学医院著名医生亚当·波利兹的赏识。于是，波利兹对他的工作和研究给予了热情的指导。此后，巴拉尼对眼球震颤现象进行了深入研究和探源，经过多年努力，在1905年5月发表了题为《热眼球震颤的观察》的研究论文。这篇论文的发表，受到了医学界的广泛关注和认同，耳科"热检验法"就此宣告诞生。在此基础上，巴拉尼再度深入钻研，通过实验最终证明内耳前庭器与小脑有关，从此奠定了耳科生理学的基础。

1909年，著名耳科医生亚当·波利兹病重，他将自己主持的耳科研究所事务及维也纳大学耳科医学教学任务全部交给了巴拉尼。繁重的工作给了巴拉尼很大压力,但他没有畏惧,他在出色完成工作之余,仍继续着对自身专业的深入研究。1910年至1912年间,巴拉尼先后发表了《半规管的生理学与病理学》《前庭器的机能试验》两本著作,基于他在科研领域的突破性贡献,奥地利皇家决定授予他爵位殊荣。1914年,巴拉尼又斩获了诺贝尔生理学及医学奖。

巴拉尼一生共计发表科研论文184篇,曾医治好诸多耳科绝症患者。为纪念他的卓越成就,医学界探测前庭疾患试验、检查小脑活动及与平衡障碍有关的试验,都是以他的姓氏命名的。

心灵物语

巴拉尼的境况如何?家庭贫困且自幼残疾,简直可以用"悲惨"来形容!然而,正是困境对于他的激励,才使其心生斗志,并最终取得了堪称伟大的成就。试想一下,假如没有贫困和残疾的刺激,他会怎样?或许会成为一个衣食无忧的平凡人;假如他在困境面前消沉退缩又会怎样?只能在贫困的深渊中越陷越深。幸运的是,他没有这样做,他在父母的帮助以及自己的努力下,用正确的生活态度和规律调整着自己的行为方向。这样,一条康庄大道出现在了他的眼前,将他引出困境,引向一条更有价值、更有意义的人生之路。

心态要诚恳,做事要踏实

许多实现了人生目标的过来人都表示,谁也不能"一步到位",只能"步步为营",唯有如此才有可能成功。因此,人不要把眼睛只盯住眼前,而忽视了自己事业的长远规划。

生活中,我们都有这样的经验,当你站在沙堆上,无论你怎样用力,都没有在结实路面上跳得高、跳得远。其实,人生亦是如此。如果你好高骛远,不能踏踏实实地做好工作,不能脚踏实地做人,就无法为自己的进步打下坚实基础。

一个人的能力,尤其是专业知识、工作规划以及处理问题的能力,都不是三两天可以培养起来的。也许你一开始的地位低下,能力也不强,但只要你能脚踏实地、勤勤恳恳地工作,你的各方面能力必然会很快得以提高。

无论做什么事,我们都要脚踏实地、全力以赴,这样会使你越发能干,同时你的心智也会成长,可以追求更大的成功。

不能脚踏实地者首要的失误在于不切实际,既脱离现实,又脱离自身,总是这也看不惯,那也看不惯。或者以为周围的一切都与他为难,或者不屑于周围的一切,不能正视自身,没有自知之明。你该掂量自己有多大的本事,有多少能耐,要知道自己有什么缺陷,不要以己之所长去比人之所短。

脱离了现实便只能生活在虚幻之中,脱离了自身便只能见到一个无限夸大的变形金刚。不能脚踏实地,只能在空中飘着,那所有的远大目标也只不过是海市蜃楼。

有时,某些人看似一夜成功,但是如果你仔细看看他们过去的奋斗历史,就知道他们的成功并不是偶然得来的,他们早就投入了无数的心血,打好了坚固的基础。

全世界找到最大的一颗钻石的人,他的名字叫索拉诺。他找到了一颗名为"Libmtor(自由者)"的全世界最大的钻石。可是没有人知道索拉诺在找到这颗钻石以前,他已经找到过100万颗以上的小鹅卵石大小的钻石,直至最后才找到"Libmtor"。

须知,如果谁好高骛远,无疑是在人生操作上犯了一个大错误。

不要以为可以不经过程而直奔终点，不从卑俗而直达高雅，舍弃细小而直达广大，跳过近前而直达远方。心性高傲、目标远大固然不错，但有了目标，还要为实现目标付出努力。如果你只空怀大志，而不愿为理想的实现付出辛勤劳动，那"理想"永远只能是空中楼阁，是一文不值的东西。

情景展现

胡艳杰大学毕业后，被分配到一家电影制片厂担任助理影片剪辑。这本来是一个人在影视界寻求发展的起点，但在10个月后，她却离开了这个岗位，辞职了。

她认为自己这样做的理由很充分：堂堂一个大学毕业生，受过多年的高等教育，却在干一个小学毕业生都能干的事情，把宝贵时光耗费在贴标签、编号、跑腿、保持影片整洁等琐事上面。这怎能不使她感到委屈呢？她有一种上当受骗的感觉，更有一种对不起自己的感觉。

几年后，当胡艳杰看到电视上打出的演职员表名单时，竟然发现以前的同事，有的现在已经成为著名的导演，有的已经成为制作人。此时，她的心中颇有点不是滋味。

心灵物语

事业成功与工作态度，就像车身与车轮一样，如果你不让车轮着地，汽车就永远不可能驶向远方。

决心获得成功的人都知道，进步需要一点一滴的努力。就像"罗马不是一天建成的"一样，房屋是由一砖一瓦堆砌成的；足球比赛最后的胜利是由一次一次的得分累积而成的；商家的繁荣也是靠着一个一个的顾客逐渐壮大的。所以说，每一个重大的成就，都是一系列小成就累积而成。

保持心灵的完整

爱默生曾经说过:"想要成为一个真正的'人',首先必须是个不盲从的人。你心灵的完整性是不容侵犯的……当我放弃自己的立场,而想用别人的观点去看一件事的时候,错误便造成了……"的确,一个人,只要认为自己的立场和观点正确,就要勇于坚持下去,而不必在乎别人如何去评价。

"人云亦云""随大流"是人性的弱点之一。一般来说,人们很容易对某种信息和心理状态不由自主地产生无意识的盲从,这种盲从不是通过承受有组织的蓄意压力,接受某种信息或行为模式表现出来,而是通过传播某种情感状态并且无意识地进行心理调节而表现出来的。无组织的人群往往成为这种效应的加速器,如果置身其中,即使有主见的人也容易受其影响而失去辨别能力。正因为常人都容易犯"人云亦云"的毛病,结果很可能导致错误的认识。所以,亲自去细致地观察某种人或事,得出符合实际的正确结论,在人们的处世决断中是很有必要的。

现在人们生活在一个充满专家的时代。由于人们已十分习惯于依赖这些专家权威性的看法,所以便逐渐丧失了对自己的信心,以至于不能对许多事情提出自己的意见或坚持信念。这些专家之所以取代了人们的社会地位,是因为人们让他们这么做的。

没有独立的思维方法、生活能力和自己的主见,那么生活、事业就无从谈起。众人观点各异,欲听也无所适从,只有把别人的话当参考,坚持自己的观点按着自己的主张走,一切才处之泰然。

一个人能认清自己的才能，找到自己的方向，已经不容易；更不容易的是，能抗拒潮流的冲击。许多人仅仅为了某件事情时髦或流行，就跟着别人随波逐流而去。他忘了衡量自己的才干与兴趣，因此把原有的才干也付诸东流，所得只是一时的热闹，而失去了真正成功的机会。

坚持一项并不被人支持的原则，或不随意迁就一项普遍为人支持的原则，都不是一件容易的事。但是，如果一旦这样做了，就一定会赢得别人的尊重，体现出自己的价值。

一个真正独立的"人"，必然是个不轻信盲从的人。一个人心灵的完整性是不能破坏的。当我们放弃自己的立场，而想用别人的观点来评价一件事的时候，错误往往就不期而至了。

我们也许可以做这样的理解："要尽可能从他人的观点来看事情，但不可因此而失去自己的观点。"

当我们身处于陌生的环境，没有任何经验可供参考的时候，就需要我们不断地建立信心，然后才能按照自己的信念和原则去做。假如成熟能带给你什么好处的话，那便是发现自己的信念并有实现这些信念的勇气，无论遇到什么样的情况。

情景展现

美国的威尔逊在最初创业时，只有一台价值 50 美元分期付款赊来的爆米花机。第二次世界大战结束后，他做生意赚了点钱，于是就决定从事地皮生意。当时，在美国从事地皮生意的人并不多，因为战后人们一般都比较穷，买地皮建房子、建商店、盖厂房的人很少，地皮的价格也很低。当亲朋好友听说威尔逊要做地皮生意，都强烈地反对。而威尔逊却坚持己见，他认为反对他的人目光短浅，虽然连年的战争使美国的经济很不景气，可美国是战胜国，经济会很快进入大发展时期。到那时买地皮的人一定会增多，地皮的价格会暴涨。于是，威尔逊用手头的全

第四篇 心不诚，事不灵：拔掉心中劣根

127

人生中的七味心药

部资金再加一部分贷款在市郊买下很大的一片荒地。这片土地由于地势低洼，不适宜耕种，所以很少有人问津。但是威尔逊亲自考察了以后，还是决定买下了这片荒地。他的预测是，美国经济会很快繁荣，城市人口会日益增多，市区将会不断扩大，必然向郊区延伸。在不远的将来，这片土地一定会变成黄金地段。

后来的发展验证了他的预见。不到三年时间，美国城市人口剧增，市区迅速发展，大马路一直修到威尔逊买的土地的边上。这时，人们才发现，这片土地周围风景宜人，是人们夏日避暑的好地方。于是，这片土地价格倍增，许多商人竞相出高价购买。但威尔逊不为眼前的利益所惑，他还有更长远的打算。后来，威尔逊在这片土地上盖起了一座汽车旅馆，命名为"假日旅馆"。由于它的地理位置好，舒适方便。开业后，顾客盈门，生意非常兴隆。从此以后，威尔逊的生意越做越大，他的假日旅馆逐步遍及世界各地。

心灵物语

时间能让我们总结出一套属于自己的审判标准来。举例来说，我们会发现诚实是最好的行事指南，这不只因为许多人这样教导过我们，而是通过我们自己的观察、摸索和思考的结果。很幸运的是，对整个社会来说，大部分人对生活上的基本原则表示认可，否则，我们就要陷于一片混乱之中了。保持思想独立不随波逐流很难，至少不是件简单的事，有时还有危险性。为了追求安全感，人们顺应环境，最后常常变成了环境的奴隶。然而，无数事实告诉人们，人的真正自由，是在接受生活的各种挑战之后，是经过不断追求、拼搏并经历各种争议之后争取来的。

相信自己——你一定行

所谓信心，即由于自身产生了某种信仰，而感觉自己正被世界所相信的一种心理。一个人唯有充满信心，其行动的可能性才会更高。

自信是成功的推动器，自信成就了一批批传奇人物。但是，自信绝不是英雄的专利，平凡人也需要自信，缺乏自信的人生必不完美，缺乏自信的人生不可能成功。

一个女人若是不认为自己美丽，那么她注定只能做一个丑女；一个男人若是不认为自己才华横溢，那么他注定与庸人为伍；同样，一个人如果质疑自己的能力，那么他注定不会成功。

对自己缺乏基本的、适度的信心，在生活中就不可能具备刚毅、无畏的品质，就不可能充满激情、充满斗志地去追求自己的目标。这样的人注定碌碌无为，他的生活甚至会举步维艰，又何谈幸福呢？

倘若给你一个任务——每天销售3套时装，为期半个月，或许你会回答："这不是问题，我做得到。"但是，倘若要求你连续12年、平均每天销售6辆汽车呢？相信你肯定会摇头："这不可能！"

事实上这是可能的！"世界上最伟大的推销员"——乔·吉拉德先生，其职业生涯共计卖出汽车13001辆，而且均为一对一销售，他也因此创造了吉尼斯汽车销售纪录。

情景展现

乔·吉拉德出生于美国大萧条时代，其父辈为西西里移民，家境贫寒。乔·吉拉德从9岁开始为人擦皮鞋，以贴补家用，但暴躁的父亲依然时常对他进行打骂。人们都很歧视他，认为他是个没用的"废物"。

人生中的七味心药

这种情况下，他勉强读到高中便辍学了。父亲的打击、邻里的歧视，令他逐渐丧失了自信，他开始口吃起来。35岁以前，他更换过40份工作，甚至当过扒手、开过赌场，但终究一事无成，而且背负了巨额的债务。

难道真的如父亲所说，自己就是一个废物？乔·吉拉德似乎有些绝望。幸运的是，他有一位非常伟大的母亲，她时常鼓励乔·吉拉德："乔，你必须证明给你爸爸看，证明给所有人看，让他们知道你不是个废物，你能做得非常了不起！乔，人都是一样的，机会摆在每个人面前，就看你懂不懂得去争取。乔，你绝不能气馁，你一定行！"

母亲的话给了乔·吉拉德很大鼓舞，使他重新恢复了自信，重新燃起了对成功的渴望，他在心中暗暗发誓："我一定要证明父亲错了！我一定行！"为了克服口吃的毛病，他选择了从事销售行业，而且是极具挑战性的汽车销售。工作中，他一直坚持以诚信为本，谨守公平原则；工作方法上，他从不拘泥于"经验"，总是不断推陈出新，超越自我。

他的真诚、他的热情、他的别出心裁，赢得了客户的广泛青睐。他成功了！他从一个饱受歧视、一身债务、几乎走投无路的"废物"，一跃成为"世界上最伟大的销售员"！他被欧美商界誉为"能向任何人推销任何商品"的传奇人物，他所创下的纪录——连续12年，平均每天销售6辆汽车，迄今为止依然无人望其项背！而这一切，只源于最初的那一句"我一定行"！

心灵物语

自信的反义词是自卑，它是一种心理缺陷，会阻挠人的潜能发挥，会妨碍希望的实现。据统计，世界上有2/3的人营养不良，只是程度不同而已；同样，世界上也有2/3的人患有"自卑症"，也只是程度不同而已。想要成功，你就必须驱赶自卑，重拾自信。请时刻记住那句话——我一定行！

用自信去披荆斩棘

　　自卑者习惯妄自菲薄，总是感觉己不如人，这种情绪一直纠结于心，结果丧失了原有的人生乐趣，烦恼、忧愁、失落、焦虑纷沓而至；自卑者无论是对工作还是对生活，都提不起兴趣，他们万念俱灰，失去了斗志，失去了进取的勇气；自卑者一旦遭遇挫折，更是怨天尤人、自怨自艾，一味指责命运的不公；自卑者格外敏感，缺乏宽广的胸怀，往往别人一个不经意的举动就会戳伤他们的神经，以为别人在轻视自己、在侮辱自己。遗憾的是，他们从未仔细想想：你都看不起自己，又怎么能要求别人高看你？

　　也许很多人会说："我相信自己！"那么你真的相信自己吗？当困难、挫折、讽刺、白眼接踵而至之时，你真的能够做到无动于衷、固守着心中的自信吗？事实上，很多人都做不到。

　　请记住！一个人可以犯错误，但绝不能丧失自信、丧失自尊。因为唯有自信者才能捍卫自己的尊严；唯有自信者的人生阵地才不会陷落；唯有自信者才能披荆斩棘、冲破重重障碍，最终摘得胜利的甘果。

　　诚然，每个人都有失意之时。那么，当我们感到痛苦、感到困惑、感到失望时，我们何不唤起潜在的力量，不低头、不抛弃、不放弃、不卑不亢地挑战痛苦根源，将痛苦转化为一种动力，让失意变成快意，用行动去赢得别人的尊重呢？

情景展现

　　威廉·亨利·布拉格年轻时家境贫穷。他所在的威廉皇家学院多是

人生中的七味心药

衣着考究的富家子弟,唯有他,一袭破旧衣衫,一双极大、极不合脚的旧皮鞋。

布拉格这身"时髦装扮"在皇家学院显得极不协调。当时,一些纨绔子弟不但对他冷嘲热讽,甚至向学监告布拉格的状,诬蔑他的旧皮鞋是偷来的。

于是,学监将布拉格叫到了办公室,双眼紧紧盯着那双旧皮鞋。天资聪慧的布拉格马上有所领悟,他颤抖着将一张纸笺交给学监。这是布拉格父亲寄来的家信,上面写有这样几句话:"孩子,非常抱歉,但愿再过两年,我那双旧皮鞋穿在你的脚上就不会再嫌大……我一直这样想着,若是有朝一日你有了成就,我将感到非常荣耀,因为我的儿子正是穿着我的旧皮鞋奋斗成功的……"

看到这里,学监紧紧握住布拉格的手,满怀感慨地说道:"孩子,对不起,是我误解了你!你的家庭虽然贫穷,你的父亲虽然没钱,但他有一颗对你充满期望的心。希望你不要辜负他,我会尽我所能去帮助你。"

此时,布拉格再也控制不住自己的情绪,两行热泪顺颊而下。曾几何时,他也抱怨过贫穷,也为之沮丧过,但父亲的谆谆教导……此时又有了学监的热心帮助。是的,绝不能辜负这些对自己充满期望的人,从此他越发努力起来。

布拉格在 24 岁时,就成为数学兼物理学教授,而后又在放射线研究等领域获得了巨大成就。成名后的布拉格一直对穿旧皮鞋的经历"耿耿于怀",他时常告诫自己的儿子威廉·劳伦斯·布拉格:饮水思源,不要忘记长辈的贫穷。

受此熏陶,小布拉格与父亲一样,年仅 24 岁就取得了不错的成绩,成为剑桥研究院院士。更让人惊叹的是,1915 年,父子二人同时摘得了诺贝尔物理学奖。

132

心灵物语

战胜自卑的过程，其实就是磨炼心志、超越自我的过程。逆境之中，如果你一味抱怨命运，认为自己是最不幸的那一个，那么你永远也无法解除自卑的诅咒。想要消除自卑，就要以一种客观、平和的心态看待自己，不要一直盯着自己的短处看，因为越是如此，自卑的阴影就会越为阴郁。想要战胜自卑，就不要理会别人的评价，只要认为自己没错，那就矢志不移地走下去。你要做的是用自己的能力、用自己的信心证明给别人看："我是优秀的！"若做不到这些，若依旧对自卑恋恋不舍，那你就别指望别人高看你！

我是最好的！我是唯一的

李白在屡受挫折后，发出这样一声长啸："天生我材必有用，千金散尽还复来！"这绝不是失望后的自我慰藉，这其中饱含着对自我、对个人价值的绝对肯定，这是何等的自信！

正如李白所言，每个人来到世界上，都会有其独特之处，都存在其独特的价值。由此可以说，每个人在世界上都是独一无二的，每个人都有其"必有用"之才。只是，也许有时才能藏匿得很深，需要我们全力去挖掘；有时我们的才能又得不到别人的认可……但我们绝不能因此否定自己的才能，更不能因为生活中的挫折、失败而怀疑自己的能力，就此失去信心，一蹶不振。

纵览古今中外，你会发现，很多知名人士都曾有过与你一样的痛苦经历。他们亦曾被老师、同事，甚至是家人所阻挠，众人否定他们的才

能，断言他们绝不可能做成自己想做的事。但是他们对自己的才能从未有过一丝怀疑，他们矢志不移地坚持着，最终将自己的才能发挥得淋漓尽致。

其实，即便是如今已被公认的天才，曾几何时也曾遭到众人的质疑，也曾受到过各种打击。值得庆幸的是，他们没有被打击、被挫折、被失败所折服，他们始终相信自己的能力。也正因如此，他们才能取得令人仰视的成就，才将自己的名字深深镌刻在了历史的丰碑之上！

情景展现

鲁道夫出生在美国一个普通黑人家庭，出生时只有 2 公斤重，而后又得了肺炎、猩红热和小儿麻痹症，几乎夭折。因为家庭贫穷无法及时医治，从那时起，她的双腿肌肉逐渐萎缩，到 4 岁时，左腿已经完全不能动弹，这极大地刺伤了年幼的鲁道夫。

一转眼，鲁道夫已经 6 岁，该上学了。这时，鲁道夫再也忍受不住，她多么渴望自己能像其他小孩一样，步入充满欢乐的校园啊。一天，她穿上特制的鞋子，独自下床。谁知脚刚一着地，就支撑不住了。然而，她并没有灰心，她咬紧牙，扶着椅子，将全部力气集中到双腿上……身子慢慢直了起来。接着，在家人的鼓励声中，她迈出了有生以来的第一步。

11 岁那年，鲁道夫依旧不能正常走路，这使父母焦虑万分。后来母亲出了个主意，让她尝试着打篮球，以加强腿部肌肉力量。鲁道夫立刻迷上了这项运动，经过一个阶段的锻炼，奇迹出现了！她不但身体变得强壮起来，而且能够正常走路了，甚至还能够参加正常的篮球比赛。

一次，鲁道夫正在参加一场篮球比赛，恰巧被一个名叫 E·斯普勒的田径教练发现，他觉得她有着超人的弹跳和速度，就建议她改练短跑，并热情地鼓励她说："你是一只小羚羊，将来一定会成为世界短跑纪录创造者和奥运冠军。"

果然，在斯普勒的悉心教导下，鲁道夫迅速成长起来。在田纳西州，她成了全州女子短跑明星，开始在美国田坛崭露头角。1995年，在芝加哥举行的第三届泛美运动会上，鲁道夫与队友一同为美国队摘得了4×100米接力的金牌。

罗马奥运会上，鲁道夫代表美国队出赛，她先平世界纪录，再破世界纪录，一人独得3枚金灿灿的金牌，缔造了美国田径史上的一段传奇。

心灵物语

命运并不可怕，怕的是向命运低头，怕的是白白浪费天分却仍不自知。正视命运，忘记命运带给你的种种不幸，摆脱命运的折磨，你也会成为一只纵横跳跃的"黑羚羊"。

"天下之物，见行可以测微，智者决之，拙者疑之"。做人绝不能用世俗的眼光看待自己的人生，调转一个角度去寻找你的人生焦点，用自己特有的处世之道去展示自我，相信自己的能力，用能力折服别人，用能力告诉他们："我是最好的，我是唯一的！"只要你相信"天生我材必有用"，大千世界就一定会有你的用武之地！

勇于向极限挑战

现实生活中，很多人一旦遭遇瓶颈，只知道将自己困于瓶底，却不懂得去突破、去争取。久而久之，他们的思想越来越狭窄，逐渐失去了原有的光芒。

西方有句名言："一个人的思想决定一个人的命运。不敢向高难度的工作挑战，是对自身潜能的束缚，只能使自己的无限潜能浪费在无谓的琐事之中。与此同时，无知的认识会使人的天赋减弱，因为懦夫一样的所作所为，不配拥有生存状态之下的高层境界。"

勇于向极限挑战，这是获得高标生存的基础。现实之中，很多人如你一样，虽然才华横溢、能力不俗，却具有一个致命弱点——缺乏挑战极限的勇气，只愿做人生中的"安全专家"。对于偶尔出现的"大障碍""大困难"，他们不会主动出击，而是觉得"不可能克服"，因而一躲再躲，畏缩不前。结果，终其一生也未能成事。

勇士与懦夫在世人心目中的地位，有着天壤之别。勇士受人尊崇，走到哪里都能闯出一片天地；懦夫遭人冷眼，不受待见，很难得到重用。一位企业老总在描述自己心目中的理想员工时，曾这样说道："我们所急需的人才，是有奋斗、进取精神，勇于向'不可能完成'的任务挑战的人。"可见，勇于向"瓶颈"挑战的人，如同"明星"一般，是人们争相抢夺的"珍品"。

在当今这个竞争激烈的大环境下，如果你一直以"安全专家"自居，不敢向自己的极限挑战，那么在与"勇士"的对抗中，就只能永远处于劣势。当你羡慕，甚至是忌妒那些成功人士之时，不妨静心想想，他们为何能够取得成功？你要明白，他们的成功绝不是幸运，亦不是偶然。他们之所以有今天的成就，很大程度上，是因为他们敢于向"瓶颈"挑战。在纷扰复杂的社会上，若能秉持这一原则，不断磨砺自己的生存利器，不断寻求突破，你就能够占有一席之地。

渴望成功，这是每一个人的心声。若想实现自己的抱负，从现在开始，你就不能再躲避，更不要浪费大把的时间去设想最糟糕的结局，不断重复"不能完成"的念头，因为这等于是在预演失败。

想要从根本上克服这种障碍，走出"不可能"的阴影，跻身于成功者之间，你必须拥有足够的自信，用信心支撑自己去完成别人眼中

"不可能完成"的事情。

当然，在灌注信心的同时，你必须了解其"不可能"的原因，看看自己是否具备驾驭能力，如果没有，先把自身功夫做足、做硬，"有了金刚钻，再揽瓷器活儿"。要知道，挑战"瓶颈"只会有两种结果——成功或是失败，而两者往往只是一线之差，这不可不慎。

事实上，一个人只要勇于突破自己的心态瓶颈，突破极限约束的阻碍，成功就不会太远。

情景展现

举重项目之一的挺举，有一种"500磅（约227公斤）瓶颈"的说法。也就是说，以人体极限而言，500磅是很难突破的瓶颈。然而，499磅纪录保持者巴雷里比赛时所用的杠铃，由于工作人员失误，实际上已经超过了500磅。这个消息发布以后，世界上有6位举重好手，在一瞬间就举起了一直未能突破的500磅杠铃。

一位撑竿跳选手，苦练多年亦无法越过某一高度，他失望地对教练说："我实在是跳不过去。"

教练问道："你心里在想什么？"

他回答："我一冲到起跳位置，看到那个高度，就觉得自己跳不过去。"

教练告诉他："你一定可以跳过去。把你的心从竿上摔过去，你的身子也一定会跟着过去。"

他撑起竿又跳了一次，果然一举跃过。

心灵物语

心，可以超越困难、突破阻挠；心，可以粉碎障碍；心，最终必会达到你的期望。然而，成功的最大障碍，往往又是你的心！是你面对

"不可能完成"的高度时，心为自己设定的瓶颈。

极限绝非不可逾越，不可逾越的只有你心中的那道坎。如果你想提升自己的价值，改变自己的生存环境，就必须努力去跨越这道坎。这样，你的人生才不至于暗淡无光。

礼不诚，反害己

孔子认为，如果不亲自参加祭祀，而请人代理，那就如同不祭祀一样。这并不是一种单纯的迷信，要承认在人的世界之外又有一个所谓神的世界，而是指人的内心体验到的一种存在。它既是一种人的内在精神的提升与净化手段，更是一种待人处世所持态度的崇高品质。而这一切也必将换来同样真诚的回报。任何虚假的东西都将如竹篮打水一样，不会换来任何收获。因为"不与祭，如不祭"，弄不好，还有可能惹得"人神共愤"。

待神如此，待人更是如此。待人处世之"礼"，关键就在一个"诚"字。

譬如，有些人一辈子都在阿谀奉承，想方设法地引起别人的关注。显然，这是白费心机，因为人们根本不会注重这些。无论在何时何地，他们注意的只是自己。

做真实的人的一个重要方面是真诚对待别人。我们有时会听到这样的评价：这个人做人真实在，不用问，他肯定是个乐于奉献并无所保留的人。真诚的奉献是一种付出，一个良好的个人形象正是在这种付出中树立起来的。有了这样一个形象，做什么事都会顺利得多。真诚会让人感觉得到了尊重，从而感到身心愉快，乐意为你尽心尽力，所谓以心换心；而不诚之"礼"，则会让人感到被戏弄，受了污辱。那些虚情假意的东西，非但不会得到对方的认可，反而有可能令他感到受辱，于是怀恨于心，伺机报复。

情景展现

陶朱公范蠡在陶时，有三个儿子。二儿子因杀人，被楚国拘囚起来。陶朱公说："杀人偿命是应该的，但我听说有千金之家财，其子可以不被处死于市中。"于是备齐千金，准备让小儿子前去营救。但大儿子也坚持要去，并说："父亲不让大儿子去，而让小弟去，一定是父亲认为我是不肖之子。"说着竟要自杀。夫人见此，再三强劝陶朱公，陶朱公不得已，只得让大儿子去，并附信一封，叫他交给自己过去的好友庄生，并对大儿子说："到了楚国以后，把礼金送上，然后一切客随主便，不要与他争辩。"

大儿子到楚国后，便按照父亲的嘱咐去做了。见过庄生之后，庄生就对他说："你快走，不要再继续留在这里了。即使你弟弟被放出来，也不要问是什么原因。"大儿子走后，并没有按庄生吩咐回去，而是偷偷地住在楚贵人那里。庄生虽穷，却以廉洁耿直为标榜，楚王手下的大臣们都把他视为老师，非常尊重他。陶朱公的儿子所送千金之礼，庄生并无意收下。原本想把事情办成后，再退还给范蠡，以为信守之据，然而，陶朱公的长子并不理解他的这番良苦用心。

一天，庄生找了个理由觐见楚王，说天上有星象显示，有事不利于楚国，只能用做好事的方法才能消除。楚王一贯信任庄生，于是就命人封住三钱之府，准备大赦天下。楚贵人欣喜地将此喜讯告诉了朱公长子。不料朱公子想，大赦时弟弟一定会出来，千金岂不白送庄生了。于是就又去见庄生，庄生吃惊地问："你怎么还没离开这里？"朱公长子说："弟弟今将大赦，故而特来告辞。"庄生明白他的意思，就把钱还给了他。

庄生受了朱公子的耍弄，感到是一种奇耻大辱，于是就又去觐见楚

人生中的七味心药

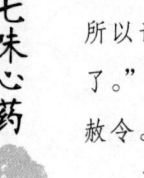

王说："楚王大赦是为了修德去凶，可楚国的百姓都说，陶地的富翁陶朱公的儿子杀了人被囚在楚，他们家里就用金钱来贿赂楚王左右的人，所以说楚王大赦并非为楚国百姓，只是为陶朱公的儿子一人着想罢了。"楚王听后大怒，下令将陶朱公的儿子立即处斩，然后才发布大赦令。

当陶朱公长子拿着弟弟死亡通知回到家后，母亲及乡亲都很悲伤，陶朱公说："我听说你的行动，就知道你一定会害死你的弟弟。这并非是你不爱他，只因为你从小与我一同创业，备尝生活的艰辛，所以很看重钱财。至于你小弟，本来就生长在富裕的环境里，出门乘车、骑马，不知钱财来得不易。我派他去只因为他能抛舍钱财，而你却不能。你弟弟被杀，我并不奇怪，我早就料到你会带丧报回来！"

心灵物语

陶朱公的长子救弟失败的原因是他吝啬钱财，而索回已送出去的礼物，使原来所做的一切都变得虚伪，还不如当初不送。这种行为的本身就构成了对庄生的伤害，使他认为自己在人格、尊严以及做事能力上都受到了污辱。因此，他又不辞劳苦地再帮"倒忙"的行为，也就不难理解了。可见，待人处世中的虚伪之礼，对人对己都没有好处，是要不得的。

心诚事方成

我们常说的"君子一言，驷马难追"，讲的就是人的信用。一个没有信用的人是为人所不齿的。现在的生意场上，公司、企业做广告做宣传，树立公司、企业在公众中的形象，就是想提高公司、企业的信用度。信用度高了，人们才会相信你，和你来往，成交生意。不过，公司、企业的信用度得靠产品上佳的质量、优良的服务态度来实现，而非几句响亮的广告词、几次优惠大酬宾便可做到。人的信用也是如此。

一个不守信用的人是无法与其谈论做人之道的。我们知道，千百年来正义之人所赞赏的诚信，已成为做人的准则之一。中国人把诚信立为处世之本，崇尚诚信。在"信、智、勇"三个自立于社会的条件中，诚信是摆在第一位的。

"言必信，行必果，诺必诚"是中国人与他人、与社会交往过程中的立身处世之本。中国人靠这样一个道德原则来规范自己，这与西方的契约精神有所区别。而且"诚信"在法律化的前提下随着社会文明的发展而被推进，并在人们相互的交往和所发生的关系中发挥着越来越大的作用。

诚信，就是不欺人，重承诺，不耍花招，敢于负责。作为一种传统美德，诚信不仅是个人道德修养的底线，也是人际交往和各种社会事务顺利进行的基本保证。曾几何时，世风日下，人心不古，人与人之间不仅没有了信任和依托，而且尔虞我诈。这种风气严重影响了个人和整个经济局势的发展。因此，人们呼唤诚信的呼声日益高涨。在中国加入WTO之后，不讲诚信的人将会逐渐被淘汰出局。正如孔子所说的那样："一个人不讲信用，不知道他怎么可以立身处世。这就好比大车没有安制约车轮的横木，小车没有安制约车轮横木，那么它怎么能行走呢？"所以说，唯有以诚信立世，才能在人生路上长远顺利地走下去。

情景展现

李嘉诚先生就是一个很讲诚信的人，他的为人就像他的名字一样，其诚可嘉。

李嘉诚早期是做塑胶厂起家的，在塑胶厂濒临倒闭那些日子里，李嘉诚回到家里，强做欢颜，担心母亲为他的事寝食不安。知子莫过母，母亲从李嘉诚憔悴的脸色、布满血丝的双眼中，洞察出工厂遇到了麻烦。母亲不懂经营，但懂得为人处世的常理。母亲是个虔诚的佛教徒，李嘉诚走向社会，母亲总是牵肠挂肚，早晚到佛堂敬香跪拜，祈祷儿子平安。她还经常用佛家掌故来喻示儿子。

一天，母亲平静地对李嘉诚说道，很早很早之前，潮州府城外有一座古寺。云寂和尚已是垂暮之年，他知道自己在世的日子不多了，就把他的两个弟子——一寂、二寂召到方丈室，交给他们两袋谷种，要他们去播种插秧，到谷熟的季节再来见他，看谁收的谷子多，多者就可继承衣钵，做庙里住持。云寂和尚整日关在方丈室念经，到谷熟时，一寂挑了一担沉沉的谷子来见师父，而二寂却两手空空。云寂问二寂，二寂惭愧道，他没有管好田，种谷没发芽。云寂便把袈裟和衣钵交给二寂，指定他为未来的住持。一寂不服。云寂淡淡地道："我给你俩的谷种都是煮过的。"

李嘉诚悟出母亲话中的玄机——诚实是做人处世之本，是战胜一切的不二法门。翌日，李嘉诚回到厂里，工厂仍笼罩在愁云惨雾之中。李嘉诚召集员工开会，他坦诚地承认自己经营错误，不仅拖垮了工厂，损害了工厂的信誉，还连累了员工。他向这些天被他无端训斥的员工赔礼道歉，并表示，经营一有转机，辞退的员工都可回来上班，如果找到更好的去处，也不勉强。从今后，保证与员工同舟共济，绝不损及员工的利益，而保全自己。

李嘉诚说了一番渡过难关、谋求发展的话，员工的不安情绪基本稳定，士气不再那么低落。

接着，李嘉诚一一拜访银行、原料商、客户，向他们认错道歉，祈求原谅，并保证在放宽的限期内一定偿还欠款，对该赔偿的罚款一定如数付账。李嘉诚丝毫不隐瞒工厂面临的空前危机——随时都有倒闭的可能，恳切地向对方请教拯救危机的对策。

李嘉诚的诚恳态度，使他得到他们的大多数人的谅解。他们都是业务伙伴，长江塑胶厂倒闭，对他们同样不利。银行放宽偿还贷款的期限，但在未偿还贷款前，不再发放新贷款。原料商同样放宽付货款的期限，提出长江厂需要再进原料，必须先付70%的货款。客户涉及好些家，态度不一，但大部分还是做了不同程度的让步。有一家客户，曾把长江厂的次品批发给零售商，使其信誉受损、零售商经理怒气冲冲来长江厂交涉，恶语咒骂李嘉诚。李嘉诚亲自上门道歉，该经理很不好意思，承认他的做法莽撞。该经理说李嘉诚是可交往的生意朋友，希望能继续合作，他还为长江厂摆脱困境出谋划策。

李嘉诚的"负荆拜访"，达到初步目的。他却不敢松一口气，银行、原料商和客户，只给了他十分有限的回旋余地，事态仍很严峻。

积压产品，库满为患。这之中，一部分是质量不合格；另一部分是延误交货期的退货，而产品质量并无问题。李嘉诚抽调员工，对积压产品普查一次，将其归为两类，一类是有机会做正品推销出去的；一类是款式过时，或质量粗劣的。

李嘉诚如初做行街仔那样，马不停蹄到市区推销，把正品卖出一部分。他不想为积压产品拖累太久，就全部以极低廉的价格，卖给专营旧货次品的批发商，在制品的质检卡片上，一律盖上"次品"的标记。之后李嘉诚陆续收到货款，分头偿还了一部分债务。

路遥知马力！李嘉诚用真诚重新拾回了别人的信任，他获得了新订单，筹到购买原料、添置新机器的资金。被裁减员工，又回来上班，李嘉诚还补发了他们离厂阶段的工薪。李嘉诚又一次拜访银行、原料商和客户，寻求进一步谅解，商议共渡难关的对策。渐渐地，工厂出现转机，产销渐入佳境。

1955年的一天，李嘉诚召集员工聚会。他首先向员工鞠了三躬，感谢大家的支持，然后，用难以抑制的喜悦之情宣布："我们厂已基本还清各家的债款，昨天得到银行的通知，同意为我们提供贷款。这表明

143

人生中的七味心药

长江塑胶厂已走出危机，将进入柳暗花明的佳境！"

此后，李嘉诚的生意越做越大，也不仅仅局限于塑胶行业，并成为了世界闻名的巨富。他的成功，与他做人处世的谦逊、节俭、诚信是有着密切关联的。

心灵物语

诚是一个人的根本，待人以诚，就是以信义为要。精诚所至，金石为开，诚能化万物，也就是所谓的"诚则灵"，正是说明了诚的重要性。相反，心不诚则不灵，行则不通，事则不成。一个心灵丑恶、为人虚伪的人根本无法取得人们对他的信任。所以，荀子说："天地为大矣，不诚则不能化万物；圣人为智矣，不诚则不能化万民；父子为亲矣，不诚则疏；君上为尊矣，不诚则卑。"所以，诚是人之所守，事之所本。只有做到内心诚而无欺的人才是能自信、信人并取信于人的人。

一诺当有千金重

诚实是一种最可贵的长处，诚实守信也是一种高尚的品质，是我们做人必须坚持的原则。在日常生活中，诚实守信的内涵是很丰富的，它包含了责任感、对他人尊重负责等优秀的品德。随着社会的不断发展，人们越发看重诚信了。

中国有句古话："人无信不立。"这里的"信"，就是信用、守信，也就是说能够按照自己事先答应别人的约定做事。如果一个人做事没有一个良好的信誉，是做不成大事的。就是在日常生活中，比如交友、学习、工作，我们也时时刻刻都离不开诚实这种美德。

是的，信用很重要，是人的名誉的根本，是魅力的深层所在。但信用绝非一朝一夕便可树立。吹牛皮的人可以用自己的嘴巴将火车吹着跑。但人的信用，不是靠三寸不烂之舌便可"吹"得起来的，得看实实在在的行动。说得天花乱坠，而做起来又是另一套，只会让人更厌恶、更看不起，何谈为人的信用？

获得众人的信任，铸就自己的信誉，不论你采取何种方法，笃诚、守信及勤劳是最根本的要诀。所以孔子说做人最重要的是诚实。

在诚实的范畴中，承诺的力量是强大的。遵守并兑现你的承诺会使你在困难的时候得到真正的帮助，会使你在孤独的时候得到友情的温暖，因为你信守诺言，你以诚实可靠的形象推销了你自己，你便能够在人生的各个领域走得顺风顺水。

不论是在交际中还是在工作上，一个人的信用越好，就越能成功地打开局面。可以说，信用就是你最好的人生品牌。所以，不管在什么情况下，请务必恪守诚信，要用自己的行动去消除别人的怀疑，让他们亲眼看到你所做的一切都是为了他们的利益。换言之，你可以放弃其他，给人一个可信的面孔。商鞅之所以能够成功地实施自己的变法主张，靠的就是"信用"这面金牌。

情景展现

公元前350年，商鞅积极准备第二次变法。

商鞅将准备推行的新法与秦孝公商定后，并没有急于公布。他知道，如果得不到人民的信任，法律是难以施行的。为了取信于民，商鞅采用了这样的办法。

这一天，正是咸阳城赶大集的日子，城区内外人来人往，车水马龙。

时近中午，一队侍卫军士在鸣金开路声引导下，护卫着一辆马车向城南走来。马车上除了一根三丈多长的木杆外，什么也没装。有些好奇的人便凑过来想看个究竟，结果引来了更多的人，人们都弄不清是怎么回事，反而更想把它弄清楚。人越聚越多，跟在马车后面一直来到南城门外。

军士们将木杆抬到车下，竖立起来。一名带队的官吏高声对众人说："大良造有令，谁能将此木搬到北门，赏给黄金10两。"

众人议论纷纷。人们互相打探、询问……谁也说不清是怎么回事。因为谁都没听说过这样的事。有个青年人挽了挽袖子想去试一试，被身旁一位长者一把拉住了，说："别去，天底下哪有这么便宜的事，搬一根木杆给10两黄金，咱可不去出这个风头。"有人跟着说："是啊，我看这事儿弄不好是要掉脑袋的。"

人们就这样看着、议论着，没有人肯上前去试一试。官吏又宣读了一遍商鞅的命令，仍然没有人站出来。

城门楼上，商鞅不动声色地注视着下面发生的这一切。过了一会儿，他转身对旁边的侍从吩咐了几句。侍从快步奔下楼去，跑到守在木杆旁的官吏面前，传达商鞅的命令。

官吏听完后，提高了声音向众人喊道："大良造有令，谁能将此木搬至北门，赏黄金50两！"

众人哗然，更加认为这不会是真的。这时，一个中年汉子走出人群对官吏一拱手，说："既然大良造发令，我就来搬。50两黄金不敢奢望，赏几个小钱还是可能的。"

中年汉子扛起木杆直向北门走去，围观的人群又跟着他来到北门。中年汉子放下木杆后被官吏带到商鞅面前。

商鞅笑着对中年汉子说："你是条好汉！"商鞅拿出50两黄金，在手上掂了掂，说："拿去！"

消息迅速从咸阳传向四面八方，国人纷纷传颂商鞅言出必行的美名。商鞅见时机成熟，立即推出新法。第二次变法就这样取得了成功。

心灵物语

做人以诚相待，方可赢得人心；以诚为本，方能扭转乾坤。说一次真话，守一次诺言，是一件小事；撒一次谎，违一次约，也是一件小事。前面的小事是小善，后面的小事是小恶，在有些人眼里算不得什么，但就是这些小事决定了你的诚信度。

朝三暮四式的狡诈，最终必然失信于人。失信于人，不仅显示其人格卑贱、品行不端，而且是一种只顾眼前不顾将来、只顾短暂不顾长远的愚蠢行为，终将一事无成。大丈夫理应以诚信行天下。失信于人，君子不为。

恶意欺人，玩火自焚

在战争中，"兵不厌诈"，真真假假，虚虚实实，让敌人捉摸不透。在商场中，与某些竞争对手交往，运用此谋略，往往能取得意想不到的战果。但如果将这种伎俩运用于合作伙伴之间，却难免起反效果、得小失大。

中国人说"留得青山在，不怕没柴烧"，在资本市场上，诚信就是青山，资金就是柴，只要诚信在，不怕没资金；运用诡诈之术，不遵守承诺，欺骗他人，只是小聪明，也只会获得一时的小利，吞下的却是原罪的苦果。

做生意当讲诚信，做人更应如此。孔子说："说话忠诚守信，行为笃实严谨，即使到了边远的部族国家，也能够通达。说话不忠诚守信，行为不笃实严谨，即使在本乡本土，能行得通吗？站立时仿佛看见

147

'忠信笃实'这几个字显现在前面，坐在车中仿佛看见这几个字在辕前的横木上，能够做到这样，便能够处处通达了。"在大千世界中，不同的人有不同的做人之道，奸诈者有之，投机者有之，轻狂者有之，骄傲者有之，但是这些人绝不能成大事，至少不能长久地成大事。因为唯有诚信才是立世之本。

情景展现

古代周幽王有个宠妃叫褒姒。为博得她的一笑，昏庸的周幽王竟然视军令为儿戏，下令在都城附近20多座烽火台上点起烽火。众所周知，在古代战争中，烽火是边关报警的信号，只有当外敌入侵需召诸侯来救援的时候才可点燃。这下好了，宠妃看将士们手足无措的样子忍不住笑了，却恼怒了率领兵将们匆忙救驾的各路诸侯们。5年之后，西夷犬戎大举攻周，周幽王再燃烽火。然而，诸侯将领们谁也不愿再上第二次当，无人应和。结果呢，幽王被逼自刎，而褒姒也被敌人掳了去。

心灵物语

国不可无诚信，人不可无诚信。诚信是一池清澈的碧水，所有的真诚都明明白白地都装在里面，谁不喜欢！而失信则如同被一团污泥弄脏了的池水，谁又不厌恶呢？真正的成功者是以诚实为做人之道，以诚为本，才能永远有饭吃，才能做大生意，这是人人皆知的道理，但却不是人人都能做到的。

第五篇
心不怡，忧愁起：拨散心灵乌云

　　心怡者不会为俗念所牵绊，他们总是能够自我解怀，总是能够保持着乐观。在他们看来，这世间似乎没有什么事情值得烦恼，因为这世间本就没有解不开的结环。

人生中的七味心药

世界随心情而变

心情的颜色会影响世界的颜色。如果一个人对生活抱一种达观的态度,就不会稍有不如意就自怨自艾,只看到生活中不完美的一面。在我们的身边,大部分终日苦恼的人实际上并不是遭受了多大的不幸,而是自己的内心素质存在着某种缺陷,对生活的认识存在偏差。

其实,我们应该感谢苦难,因为苦难让我们懂得了真正的生活。无论这困难来自于生活抑或是情感,请从感谢苦难开始,反省自己、恢复自己。你所经历的苦难,必然会成为你日后人生路上永远感谢的对象,因为没有这些苦难,你不会解悟,不会有今天的体会。

心理学家曾经提出过"最优经验"的解释,意思是指,当一个人自觉把体能与智力发挥到最极限的时候,就是"最优经验"出现的时候,而通常"最优经验"都不是在顺境之中发生的,反而是在千钧一发的危机与最艰苦的时候涌现。据说,许多在集中营里大难不死的囚犯,就是因为困境激发了他们采取最优的应对策略,最终能躲过劫难。

山中鹿之助是日本战国时代有名的豪杰,据说他时常向神明祈祷:"请赐给我七难八苦。"很多人对此举都是很不理解,就去请教他。鹿之助回答说:"一个人的心志和力量,必须在经历过许多挫折后才会显现出来。所以我希望能借助各种困难险恶,来锻炼自己。"而且他还做了一首短歌,大意如下:"令人忧烦的事情,总是堆积如山,我愿尽可能地去接受考验。"

一般人对神明祈祷的内容都有所不同,大致而言,不外乎是利益方面。有些人祈祷更幸福,有人祈祷身体健康,甚或赚大钱,却没有人会祈求神明赐予更多的困难和劳苦。因此，当时的人对于鹿之助这种祈求七难八苦的行为不给予理解，是很自然的现象，但鹿之助依然这样祈祷。他的用意是想通过种种困难来考验自己，其中也有借七难八苦来勉励自己的用意。

鹿之助的主君尼子氏被毛利氏灭亡，因此他立志消灭毛利氏，替主君报仇。但当时毛利氏的势力正如日中天，尼子氏的遗臣中胆敢和毛利氏对敌的可说少之又少，许多人一想到这是毫无希望的战斗，就心灰意冷了。可是，鹿之助还是不时勉励自己，鼓舞自己的勇气。或许就是因为这个缘故，他才会祈求神明赐予七难八苦。

生活的现实对于我们每个人本来都是一样的。但一经各人不同"心态"的诠释后，便代表了不同的意义，因而形成了不同的事实、环境和世界。心态改变，则事实就会改变；心中是什么，则世界就是什么。心里装着哀愁，眼里看到的就全是黑暗。抛弃已经发生的令人不痛快的事情或经历，才会迎来新心情下的乐趣。

情景展现

有一天，詹姆斯忘记关上餐厅的后门，结果早上3个武装歹徒闯入抢劫，他们要挟詹姆斯打开保险箱。由于过度紧张，詹姆斯弄错了一个号码，造成抢匪的惊慌，开枪射击詹姆斯。幸运的是，詹姆斯很快被邻居发现了，紧急送到医院抢救。经过18个小时的外科手术以及长时间的悉心照顾，詹姆斯终于出院了，但还有颗子弹头留在他身上……

事件发生6个月之后，詹姆斯向朋友讲起了他的心路历程。詹姆斯说道："当他们击中我之后，我躺在地板上，还记得我有两个选择，我可以选择生，或选择死。我选择活下去。"

"你不害怕吗？"朋友问他。詹姆斯继续说："医护人员真了不起，他们一直告诉我没事，放心。但是在他们将我推入紧急手术间的路上，我看到医生跟护士脸上忧虑的神情，我真的被吓到了。他们的脸上好像写着——他已经是个死人了！我知道我需要采取行动。"

"当时你做了什么？"朋友继续问。

詹姆斯说："当时有个护士用吼叫的音量问我一个问题，她问我是否会对什么东西过敏。我回答：'有。'这时，医生跟护士都停下来等待我的回答。我深深地吸了一口气喊着：'子弹！'等他们笑过之后，我告诉他们：'我现在选择活下去，请把我当作一个活生生的人来开刀，不是一个活死人'。"

心灵物语

每天你都能选择享受你的生命，或是憎恨它——这是唯一一件真正属于你的权利，没有人能够控制或夺去。如果你能时时记住这件事实，你生命中的其他事情都会变得容易许多。

生活中有很多坚强的人，即使遭受挫折，承受着来自于生活的各种各样的折磨，他们在精神上也会岿然不动。充满着欢乐与战斗精神的人们，永远不会为困难所打倒。在他们的心中始终承载着欢乐，不管是雷霆与阳光，他们都会给予同样的欢迎和珍视。

心康才能体健

有一句话叫作"心宽体胖"。不妨观察一下现实生活中的人，那些不计较得失、心胸宽广的人往往身体健康，脸上也有光泽；而那些经常发火，什么事都闷在心里，内向、偏激的人往往身体瘦弱，还经常生病，正如人们所说的，万病由心起。

一个人应当从小就养成忍耐、平和而安宁的性情，对自己的一切都能乐天知命，使自己的身体始终处于和谐的状态，避免疾病的侵扰。纯洁简朴的生活、良好的道德和快乐的天性，远胜过医生或药品所能为我们提供的一切。不道德的思想、恶毒的意念以及一切和精神不和谐的东西，都会引起我们身体上的不调，都有可能激发潜藏在我们体内的疾病，或者会降低我们的免疫能力。

消极的暗示会使人的心态变得消极起来，使人在焦虑中不停地琢磨自己，这种心态对于人体的健康是有很大影响的。

我们每个人的内心都有自己的信仰和观念，这些内在的意念主宰和驾驭着我们的生活。暗示一般是无法产生效果的，除非你在精神上接受了它。所以，我们一定要以积极健康的意念来激发出积极健康的心态，只有心态健康了，我们才能有健康的身体。

情景展现

一个寺院里住着一个体格健壮、满面红光的和尚。有一天，他突然听见寺庙里的那口钟发出了怪响，声音极其恐怖。

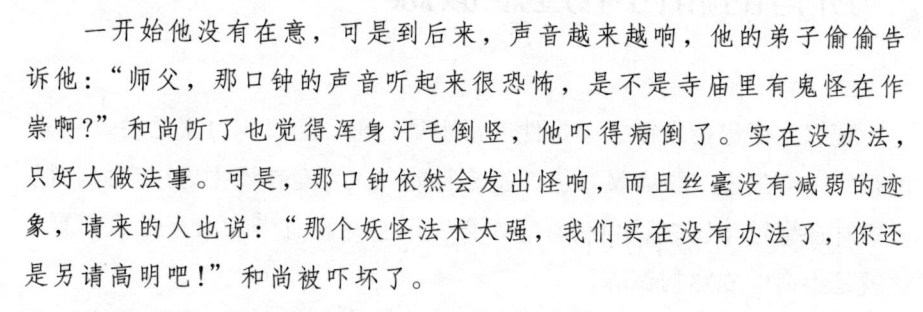

一开始他没有在意，可是到后来，声音越来越响，他的弟子偷偷告诉他："师父，那口钟的声音听起来很恐怖，是不是寺庙里有鬼怪在作祟啊？"和尚听了也觉得浑身汗毛倒竖，他吓得病倒了。实在没办法，只好大做法事。可是，那口钟依然会发出怪响，而且丝毫没有减弱的迹象，请来的人也说："那个妖怪法术太强，我们实在没有办法了，你还是另请高明吧！"和尚被吓坏了。

从那以后，他变得极度恐惧，瘫在床上等死。一天正好有一个朋友来看他，他便将这里发生的事情说给朋友听。这个朋友听过之后，哈哈大笑。就说："你给我二十两银子，我保证帮你抓到这个妖怪，并且保证你会马上好起来。"和尚半信半疑，但还是给了朋友二十两银子。结果，朋友还没用一天的时间就制伏了妖怪。钟不响了，和尚也逐渐好了起来。等他病好之后请朋友来吃饭，便问朋友是怎么制伏那妖怪的。

朋友才告诉他，根本就没有什么妖怪，是那口钟因为年久被撞出了一个裂口，刮风的时候，裂口处因为风的吹动就会发出奇怪的声音。和尚恍然大悟。

心灵物语

这个故事并不夸张，事实证明，心理暗示会给人以错觉，就像医生为哄老太太睡觉时给她一颗维生素说这是一片安定，吃了以后马上就可以睡觉一样。

如果你不想死，就不要想着病魔的可怕；如果你不想失去快乐，就将焦虑从心中剔除。

所有的痛苦不过是锻炼

要想生命尽在掌控之中是件非常困难的事，但日积月累之后，经验能帮助你汇集出一股力量，让你越来越能在人生竞技场中进出自如。很多灾难在事过境迁之后回头看它，会发现它并没有当初看来那么糟糕，这就是生命的成熟与锻炼。

"所有的锻炼不过是再次呈现，我们还没学会的功课。"这是基督圣歌中"奇迹的教诲"中的一句歌词。是的，学着与痛苦共舞，我们才能看清造成痛苦来源的本质，明白内在真相。更重要的是，它能让我们学到该学的功课。

你必须知道，没有人生来就注定是个失败者。在人生这个竞技场上，能否超越自我，脱颖而出，关键要看你对于生活抱有一种什么样的态度，关键要看你怎样去经营自己的人生。那些只知怨天尤人、不思进取的人，注定是要被淘汰的。

事实上，这世界根本就没有过不去的坎，一时的失意绝不意味着失意一生，其实在这个世界上，很多人远比你还要不幸！

譬如一些人，天生就有残缺，但他们从未对生活丧失信心，从不怨天尤人，他们自强自立、不屈不挠，最终战胜了命运。可有些人，生来五官端正，手脚齐全，但仍在抱怨生活、抱怨人生。相比之下，难道我们不感到羞愧吗？丢开抱怨，用行动去争取幸福，你要明白，纵然是一双旧鞋子，但穿在脚上仍是温暖、舒适的，因为这世界上还有人连穿鞋的机会都没有！

情景展现

有个穷困潦倒的销售员，每天都在抱怨自己"怀才不遇"，抱怨命运捉弄自己。

圣诞节前夕，家家户户热闹非凡，到处充满了节日的气氛。唯独他冷冷清清，独自一人坐在公园的长椅上回顾往事。去年的今天，他也是一个人，是靠酒精度过了圣诞节，没有新衣、没有新鞋，更别提新车、新房子了，他觉得自己就是这世界上最孤独、最倒霉的那一个人，他甚至为此产生过轻生的念头！

"唉！看来，今年我又要穿着这双旧鞋子过圣诞节了！"说着，他准备脱掉旧鞋子。这时，"倒霉"的销售员突然看到一个年轻人滑着轮椅从自己面前经过。他顿时醒悟："我有鞋子穿是多么幸福！他连穿鞋子的机会都没有啊！"从此以后，推销员无论做什么都不再抱怨，他珍惜机会，发愤图强，力争上游。数年以后，推销员终于改变了自己的生活，他成了一名百万富翁。

第五篇　心不怡，忧愁起：拨散心灵乌云

155

人生中的七味心药

心灵物语

生命中收获最多的阶段，往往就是最难挨、最痛苦的时刻，因为它迫使你重新检视反省，替你打开了内心世界，带来更清晰、更明确的方向。

当然，在麻烦、苦难出现时，人总会感觉内心不安或是意志动摇，这是很正常的。面临这种情况时，就必须不断地自励自勉，鼓起勇气，信心百倍地去面对，这才是最正确的选择。

祸兮福所倚

一个人能否活得幸福，完全取决于他的人生态度。幸福者与不幸者之间的差别是：幸福者始终用最积极的思考、最乐观的精神和最有效的经验支配和控制自己的人生；不幸者则刚好相反，因为缺乏积极思维，他们的人生是受过去的失败和疑虑所引导和支配的。他们徘徊在失败的阴影里，只能眼看着别人幸福地生活。

乐观者总是善于在困境中发现有利于自己的契机，悲观者即便身处幸运之中，看到的也只是阴霾。都是活一辈子，为什么不放下悲伤，选择快乐呢？想做前者其实并不难，只要你能在看到阴影的时候，及时将头转向另一边。

所以，不要抱怨自己总是灾难重重，耿耿于怀只会让你陷入迷茫，越来越颓废。其实，这世间的福与祸都是存在某种必然联系的，安逸纵然是福，但太过安逸，往往会消磨人的斗志，令人越发沉沦；困苦固然可以称之为祸，但却可以让人砥节砺行，保持清醒，以免陷入罪恶的深渊。中国有句古话——"祸兮福所倚，福兮祸所伏"，说的就是这个。

想一想"塞翁失马"的故事,或许你就能对自身的处境释怀。

情景展现

据说很久以前,在一个王国里,有位大臣特别聪明,而这位大臣也因他的聪明,受到国王格外的宠爱与信任。

这位聪明的大臣不论遇上什么事,总是愿意去看事物好的那一面,因此,别人给了他一个雅号"必胜大臣"。

国王酷爱打猎,有一次在追捕猎物的过程中,弄断了一节食指。国王剧痛之余,立即召来"必胜大臣",征询他对这件断指意外的看法。

"必胜大臣"仍本着他的作风,轻松自在地告诉国王,这应是一件好事。

国王闻言大怒,认为"必胜大臣"在嘲讽自己,立时命左右将他拿下,关到监狱里待斩。

"必胜大臣"听后,笑着说:"您不会杀我,总有一天您还得把我放出来。"国王听了怒吼道:"来人,给我拉出去斩了。"但想一想道,"先押入死牢。"就这样"必胜大臣"被关到死牢。

国王的断指痊愈之后,忘了此事,又兴冲冲地忙着四处打猎,却不料带队误闯邻国国境,被丛林中埋伏的一群野人活捉。

依照野人的惯例,必须将活捉的这队人马的首领献祭给他们的神,于是便抓了国王绑到祭坛上。正当祭祀仪式开始,主持仪式的巫师突然惊呼起来。

原来巫师发现国王断了一截的食指,而按他们部族的律例,献祭不完整的祭品给天神,是会遭天谴的。野人连忙将国王解下祭坛,驱逐他离开,另外抓了一位同行的大臣献祭。

国王狼狈地回到朝中,庆幸大难不死,忽然想到"必胜大臣"曾说过的话,立刻将他由牢中释放,并当面向他道歉。

第五篇 心不怡,忧愁起:拨散心灵乌云

心灵物语

开心也是一生，不开心也是一生，为何要把自己埋于悲观之中，郁郁而终呢？做人，理应乐观一点，豁达一点，扫除心中的阴霾，你会发现天空一直是那样晴朗，生活一直是这般美好！

换个角度看问题，当我们遭受磨难时，请敞开胸怀、放眼未来，不要悲观、不要抱怨，这便是"福"的开始。

放下才能解脱

放下，是一种格局，是我们发展的必由之路。漫漫人生路，只有学会放下，才能轻装前进，才能不断有所收获。

对待人生中的许多失败，我们亦应该拿出放下的勇气，已经无法挽回，惋惜悔恨于事无补，与其在痛苦中挣扎浪费时间，还不如重新找一个目标，再一次奋发努力。

人的一生，需要我们放下的东西很多。孟子说，鱼与熊掌不可兼得。如果不是我们应该拥有的，就果断放弃吧。几十年的人生旅途，有所得，亦会有所失，只有适时放下，才能拥有一份成熟，才会活得更加充实、坦然和轻松。

但是，在现实生活中，许多人放不下的事情实在太多了。比如做了错事，说了错话，受到上司和同事的指责，或者好心却被人误解，于是，心里总有个结解不开……总之，有的人就是这也放不下，那也放不下；想这想那，愁这愁那；心事不断，愁肠百结，结果损害了自身的健康和寿命。有的人之所以感觉活得很累，无精打采，未老先衰，就是因为习惯于将一些事情吊在心里放不下，结果把自己折腾得既疲劳又苍老。其实，简单地说，让人放不下的事情大多是在财、情、名这几个方面。想透了，想开了，也就看淡了，自然就放得下了。

人们常说："举得起、放得下的是举重，举得起、放不下的叫作负重。"为了前面的掌声和鲜花，学会放下吧。放下之后，你会发现，原来你的人生之路也可以变得轻松和愉快。

生活有时会逼迫你不得不交出权力，不得不放走机遇。然而，有时放弃并不意味着失去，反而可能因此获得。要想采一束清新的山花，就得放弃城市的舒适；要想做一名登山健儿，就得放弃娇嫩白净的肤色；要想穿越沙漠，就得放弃咖啡和可乐；要想拥有简单的生活，就得放弃眼前的虚荣；要想在深海中收获满船鱼虾，就得放弃安全的港湾。

今天的放下，是为了明天的得到。干大事业者不会计较一时的得失，他们都知道如何放下、放下些什么。一个人倘若将一生的所得都背负在身，那么纵使他有一副钢筋铁骨，也会被压倒在地。

昨天的辉煌不能代表今天，更不能代表明天。我们应该学会放下，放下失恋带来的痛楚，放下屈辱留下的仇恨，放下心中所有难言的负荷，放下耗费精力的争吵，放下没完没了的解释，放下对权力的角逐，放下对金钱的贪欲，放下对虚名的争夺……凡是次要的、枝节的、多余的、该放下的，都应该放下。

情景展现

小和尚随师父下山化缘，临出庙门时，空中阴云漫卷，不时传来阵阵雷声。小和尚有些犹豫，对师父说道："不如我们等雨停以后再下山吧。"

师父拿起一把雨伞，率先跨出庙门，边走边道："出家人岂惧风雨！"

人生中的七味心药

小和尚闻言，只得紧随师父身后，走不多时，风雨便席卷而来，且越下越大。师徒二人合撑一把伞，在风雨中挽扶着艰难前行。

走着走着，小和尚突然立住不动，双眼直勾勾地看着前方。师父顺势望去，只见不远处站着一位年轻女子。如此恶劣的天气，竟有一位美貌少女出现在荒野之中，也难怪小和尚露出惊诧之色。

此时，少女正望着面前的泥潭，双眉紧锁，面露难色。原来，她今日穿了一件崭新的丝绸裙装，跨过泥潭，则衣裙必然被污泥所染；不跨，却又无他路可走。见到此景，老和尚跨前几步，说道："姑娘，我来帮你。"说着便将少女背了过去。

看到师父的举动，小和尚惊呆了，这件事一直纠结在他的心中，令其闷闷不乐。直至回到寺院一个月以后，小和尚终于忍耐不住，开口问师父："我们出家之人戒淫邪，您怎么可以背那位女子呢？"

"哪位女子？"师父稍稍一愣，"你说的是化缘路上遇到的那个吗？我早已经把她放下了，可你的心中却一直背着她，太累了，太累了……"

心灵物语

每个人心中都有一个放不下的"女人"，她或者是疑惑，或者是杂念，或者是烦恼，或者是欲望……简直压得人无法喘息。事事都计较，事事都放在心上，人生岂不是很辛苦？那么，为何不将心中的"女人"放下来呢？

失恋了，总不能一直沉溺在忧郁与消沉的情境里，必须尽快放下；股票交易失利，损失了不少钱，当然心情苦闷，提不起精神，此时，也只有尝试去放下；期待已久的职位升迁，当人事令发布后竟然不是自己，情绪之低落可想而知，解决之道无他，只有强迫自己放下。

160

斩断心头的绳索

只要我们正在经历生活,就免不了会有一些事情萦绕在心间挥之不去,让我们吃不下、睡不着,然而这些却并非是那么重要而让我们非装着不可的事情,只是我们庸人自扰罢了。

在《坛经》中,慧能禅师曾一语道破"风动"与"幡动"的本质皆为"心动"。内心空明、不被外界所扰,这是坐禅者应该达到的基本境界,也是人们行事处世的快乐之本。

曾有一首名为《无题》的诗偈,正好诠释了慧能禅师的意思:

"春有百花秋有月,夏有凉风冬有雪。

"若无闲事挂心头,便是人间好时节。"

此诗偈的首两句描写大自然的景致:春花秋月,夏风冬雪,皆是人间胜景,令人赏心悦目,心旷神怡。然而禅师将话锋一转又说,世间偏偏有人不能欣赏当下拥有的美好,而是怨春悲秋,厌夏畏冬,或者是夏天里渴望冬日的白雪,而在冬日里又向往夏天的丽日,永无顺心遂意的时候。这是因为总有"闲事挂心头",纠缠于琐碎的尘事,从而迷失了自我。只要放下一切,欣赏四季独具的情趣和韵味,用敏锐的心去感悟体会,不让烦恼和成见梗住心头,便随时随地可以体悟到"人间好时节"的佳境禅趣。

人生中不如意事十之八九,得失随缘吧,不要过分强求什么,不要一味地去苛求些什么。世间万事转头空,名利到头一场梦,想通了,想透了,人也就透明了,心也就豁达了。名利是绳,贪欲是绳,忌妒和褊狭也是绳,还有一些过分的强求也是绳。牵绊我们的绳子很多,一个

人生中的七味心药

人，只有摆脱这些心头的绳索，才能享受到真正的幸福，才能体会到做人的乐趣。

情景展现

有一个年轻人从家里出门，在路上看到了一件有趣的事，正好经过一所寺院，便想考考老禅师。他说："什么是团团转？"

"皆因绳未断。"老禅师随口答道。

年轻人听了大吃一惊。

老禅师问道："什么事让你这样惊讶？"

"不，老师父，我惊讶的是，你是怎么知道的呢？"年轻人说，"我今天在来的路上，看到一头牛被绳子穿了鼻子，拴在树上，这头牛想离开这棵树，到草场上去吃草，谁知它转来转去，就是脱不开身。我以为师父没看见，肯定答不出来，却没想到你一开口就说中了。"

老禅师微笑道："你问的是事，我答的是理；你问的是牛被绳缚而不得脱，我答的是心被俗务纠缠而不得解脱，一理通百事啊。"

年轻人大悟。

心灵物语

细思之，我们的人生，不也常被某些无形的绳子牵着吗？某一阶段情绪不太好，是不是因为自己存在某种心结？这则故事是不是也能给你带来一些启示呢？

一只风筝，再怎么飞，也飞不上万里高空，因为被绳子牵住；一匹马再怎么烈，也摆脱不了任由鞭抽，是因为被绳子牵住。因为一根绳子，风筝失去了天空；因为一根绳子，水牛失去了草地；因为一根绳子，大象失去了自由；还是因为一根绳子，骏马无法驰骋。

其实快乐源于心底

生活给予每个人的快乐大致上是没有差别的：人虽然有贫富之分，然而富人的快乐绝不比穷人多；人生有名望高低之分，然而那些名人却并不比一般人快乐到哪去。人生各有各的苦恼，各有各的快乐，只是看我们能够发现快乐，还是发现烦恼罢了。

白云禅师受到了神赞禅师《空门不肯出》的启发，而作过一首名为《蝇子透窗偈》的感悟偈。其偈是这样的：

"为爱寻光纸上钻，不能透处几多难。

"忽然撞着来时路，始觉平生被眼瞒。"

从字面意义上看，白云禅师的这首诗偈可以这样理解：苍蝇喜欢朝光亮的地方飞，如果窗上糊了纸，虽然有光透过来，可苍蝇却左突右撞飞不出去，直至找到了当初飞进来的路，才得以飞了出去，也才明白原来是被自己的眼睛骗了。苍蝇放着洞开无碍的"来时路"不走，偏要钻糊上纸的窗户，实在是徒劳无益，白费工夫。

这首诗偈通俗易懂却又寓意深刻，诗中的"来时路"喻指每个人的生活都有值得去品味的地方，只可惜往往不加以注意罢了。而"被眼瞒"一句更是深有寓意，意指人们常常被眼前一些表面的现象所欺骗，无法发现生活的真滋味。此偈选取人们常见的景物，语意双关、暗藏机锋，启迪世人不要受肉眼蒙蔽，而要用心灵去体会那些生活中通常被人们忽略而又美丽的瞬间。

生活中的快乐无处不在，关键在于如何去体会，倘若用心体会便不难感受。生活的幸福是对生命的热情，为自己的快乐而存在，在那些看似无法逾越的苦难面前，依然能够仰望苍穹，快乐便会永远伴随左右。

乐观的人无论遭遇何种困难，总是会为自己找到快乐的理由。在他们看来，没什么事情值得自己悲伤凄戚，因为还有比这更糟的，至少"我"不是最倒霉的那一个。相反，悲观的人则显得极度脆弱，哪怕是芝麻绿豆大的小事，也会令他们长吁短叹，怨天尤人，所以他们很难品尝到快乐的滋味。

其实，任何事情，有其糟糕的一面，就必有其值得庆幸的一面，如果你能将目光放在"好"的一面上，那么，无论遇到何种困难，你都能够坦然以对。

只要你愿意，你就会在生活中发现和找到快乐——痛苦往往是不请自来，而快乐和幸福往往需要人们去发现、去寻找。

很显然，如果我们不能用心去体会生活中的那部分快乐，同样，如果缺乏珍惜之心也很难意识到快乐的所在，有时甚至连正在经历的快乐都会失去。正如一位哲学家曾说过的，快乐就像一个被一群孩子追逐的足球，当他们追上它时，却又一脚将它踢到更远的地方，然后再拼命地奔跑、寻觅。

人们都追求快乐，但快乐不是靠一些表面的形式来获得或者判定的，快乐其实来源于每个人的心底。

情景展现

某人是个十足的乐天派，同事、朋友几乎没见他发过愁。大家对此大感不解。若以家境、工作来论，他都算不上好，为什么却总是一脸的快乐呢？

一位同事按捺不住好奇，问道："如果你丢失了所有朋友，你还会快乐吗？"

"当然，幸亏我丢失的是朋友，而不是我自己。"

"那么，假如你妻子病了，你还会快乐吗？"

"当然，幸亏她只是生病，不是离我而去。"

"再假设她要离你而去呢?"

"我会告诉自己,幸亏只有一个老婆,而不是多个。"

同事大笑:"如果你遇到强盗,还被打了一顿,你还笑得出来吗?"

"当然,幸亏只是打我一顿,而没有杀我。"

"如果理发师不小心刮掉了你的眉毛?……"

"我会很庆幸,幸亏我是在理发,而不是在做手术。"

同事不再发问,因为他已经找到该人快乐的根源——他一直在用"幸亏"驱赶烦恼。

心灵物语

痛苦和烦恼是噬咬心灵的魔鬼,如果你不用快乐将它们驱赶出去,必然会受其所害。当遭遇不幸之时,我们不妨多对自己说几个"幸亏",情况一定会有所好转。

生活中的情趣是靠心灵去体会的。去掉繁杂,我们的心会更简单,得到更多的快乐。生命短暂,找到自己的快乐才是本质,用心去体会生活,你做得到吗?

为他们开心一点

人生的成或败、乐或悲,有相当一部分取决于自己的心态。一个人心里想着快乐的事情,他就会变得快乐;心里想着伤心的事情,心情就会变得灰暗。那么,我们为何不放下烦恼,让自己活得更加快乐呢?

无论是快乐抑或是痛苦,过去的终归要过去,强行将自己困在回忆之中,只会让你备感痛苦!无论明天会怎样,未来终会到来。若想明天

活得更好，你就必须以积极的心态去迎接它！你要认识到，即便曾经一败涂地，也不过是被生活送回到了原点而已。

其实，每个人的一生都是在不断地得失中度过的，我们的不如意和不顺心，其实都与在得失之间的心理调适做得不够有关系。人生如白驹过隙，如果我们在得失之间执迷不悟，是否太亏欠这似水年华呢？学会舍得，学会洒脱，你的人生才会有属于自己的精彩。

有些时候，纵使放不下也要放，多愁善感、愁肠百结不但会伤害你自己，同时还会伤害那些关心你的人。难道，你真的忍心看着他们每日为你提心吊胆，看着你郁郁寡欢的样子痛心不已吗？

情景展现

古时候，两军交战，百姓纷纷离开家乡，以避战乱。一伙百姓仓皇逃到河边，他们丢下了身上所有的重物，包括贵重的物件，拥挤着登上了仅有的一条渡船。船家正要开船，岸边又赶来了一人。

来人不停地挥手、叫喊，苦苦哀求船家把他也带上。船家回答道："我这条船已经载了很多人，马上就要超载了，你要是想上船过河，就必须把身上的大包袱统统扔掉，否则船会被压沉的。"

那人迟疑不决，包袱里可是他的全部家当。

船家有些不耐烦，催促道："快扔掉吧！这一船人谁都有舍不得的东西，可他们都扔掉了。如果不扔，船早就被压沉了。"

那人还在犹豫，船家又说："你想想看，包袱和人到底孰轻孰重？是这一船人的性命重要，还是你的包袱重要？你总不能让一船人都因为你的包袱惶恐不安吧！"

心灵物语

人的一生都在不间断地经历时过境迁。适时地遗忘一些经历，不但能给自己带来快乐，还能给家庭带来幸福。

要知道，"包袱"虽然只属于你自己，但它却会令"一船人"为之担心不已，这其中包括你的父母、你的妻儿、你的朋友……

一味内疚于事无补

人很容易被负疚感左右，在人性文化中，内疚甚至被当作一种有效的控制手段加以运用。

内疚，说白了就是人们在做错事以后所产生的一种悔恨心理，超过正常范围的悔恨，只会对日常生活造成极大的负面作用。

某些人因为过去的一些行为违背了某些原则，从而对别人造成了一定伤害，从此便须臾不忘、无精打采起来，而这样做又有什么用呢？要知道，一个人倘若一味地内疚下去，却并未真心努力去弥补、去改过，那么，内疚只能说是一种愚蠢的、虚伪的、毫无益处的行为。

我们应该认识到，对于既成事实，你只是感慨、自责，结果是丝毫不会改变的，无论何等内疚也是于事无补，你只有学会摆脱内疚，振作起来、"洗心革面"，保证类似的、伤害人的事情不再发生，才是对错事最好的救赎。

所以，我们应当吸取过去的经验教训，而绝不能总在阴影下活着。内疚是对错误的反省，是人性中积极的一面，但却属于情绪的消极一面。我们应该分清这二者之间的关系，反省之后迅速行动起来，把消极的一面变积极，让积极的一面更积极。

情景展现

哈蒙是一位商人，长年在外经营生意，少有闲时。当有时间与全家人共度周末时，他非常高兴。

他年迈的双亲住的地方离他的家只有一个小时的路程。哈蒙也非常清楚自己的父母是多么希望见到他和他的家人。但是他总是寻找借口尽可能不到父母那里去，最后几乎发展到与父母断绝往来的地步。

不久，他的父亲死了。哈蒙好几个月都陷于内疚之中，回想起父亲曾为自己做过的许多事情。他埋怨自己在父亲有生之年未能尽孝心。在悲痛平定下来后，哈蒙意识到，再大的内疚也无法使父亲死而复生。认识到自己的过错之后，他改变了以往的做法，常常带着全家人去看望母亲，并同母亲保持经常的电话联系。

心灵物语

没有一个人是没有过失的，只要有了过失之后勇于去改正，前途依然阳光，但若徒有感伤而不从事切实的补救工作，则是最要不得的！

在过错发生之后，要及时走出感伤的阴影，不要长期沉浸在内疚之中痛定思痛，让身心备受折磨。过去的已经过去，再内疚也于事无补，要拾起生活的勇气，昂扬奔向明天。

忘记过去不幸的自己

上天赐给我们很多宝贵的礼物，其中之一即是遗忘。不过，人们在过度强调记忆的好处以后，往往忽略了遗忘的重要性。

世人很容易将欢乐的时光忘却，但却对哀愁情有独钟，这显然是对遗忘哀愁的一种抗拒。换言之，人们习惯于淡忘生命中美好的一切，而对于痛苦的记忆，却总是铭记在心。难道是因为它给你的记忆深刻才无法遗忘吗？

当然不是，这完全是出于你对过去的执着。其实，昨日已成昨日，昨日的辉煌与痛苦都已成为过眼云烟，何必还要死死守着不放？倒掉昨日的那杯茶，这样你的人生才能洋溢出新的茶香。

所以说，对于过去因一时的过错而带来的不幸和挫折，我们不应耿耿于怀。《坛经》上说"改过必生智慧，护短心内非贤"，意思有两个，一个是说知错能改善莫大焉，另一个就是让人们不要总停留在过去，过去的成功也罢失败也好，都不能代表现在和未来。

唐代文学家、哲学家柳宗元对于禅学一道也颇有研究，他所作的《禅堂》一诗就暗藏着深刻禅理：

> 万籁俱缘生，杳然喧中寂。
> 心境本同如，鸟飞无遗迹。

这首诗是柳宗元被贬之后所作的，前两句诗的意思是，大自然的一切声响都是由因缘而生，那么，透过因缘，能够看到本体；在喧闹中，也能够感受到静寂。后两句意思是说，心空如洞，更无一物，所以就能不被物所染，飞鸟（指外物）掠过，也不会留下痕迹。它不仅写出了被贬之后的幽独处境，而且道出了禅学对这种心境的影响。

可以说人的一生由无数的片段组成，而这些片段可以是连续的，也可以是风马牛毫无关联的。说人生是连续的片段，无非是人的一生平平淡淡、无波无澜，周而复始地过着循环往复的日子；说人生是不相干的片段，因为人生的每一次经历都属于过去，在下一秒我们可以重新开始，可以忘掉过去的不幸、忘掉过去不如意的自己。

情景展现

在雨果不朽的名著《悲惨世界》里，主人公冉·阿让本是一个勤劳、正直、善良的人，但穷困潦倒，度日艰难。为了不让家人挨饿，迫于无奈，他偷了一个面包，被当场抓获，判定为"贼"，锒铛入狱。

169

人生中的七味心药

出狱后，他到处找不到工作，饱受世俗的冷落与耻笑。从此他真的成了一个贼，顺手牵羊，偷鸡摸狗。警察一直都在追踪他，想方设法要拿到他犯罪的证据，以把他再次送进监狱，他却一次又一次逃脱了。

在一个风雪交加的夜晚，他饥寒交迫，昏倒在路上，被一个好心的神父救起。神父把他带回教堂，但他却在神父睡着后，把神父房间里的所有银器席卷一空。因为他已认定自己是坏人，就应干坏事。不料，在逃跑途中，被警察逮个正着，这次可谓人赃俱获。

当警察押着冉·阿让到教堂，让神父辨认失窃物品时，冉·阿让绝望地想："完了，这一辈子只能在监狱里度过了！"谁知神父却温和地对警察说："这些银器是我送给他的。他走得太急，还有一件更名贵的银烛台忘了拿，我这就去取来！"

冉·阿让的心灵受到了巨大的震撼。警察走后，神父对冉·阿让说："过去的就让它过去，重新开始吧！"

从此，冉·阿让洗心革面，重新做人。他搬到一个新地方，努力工作，积极上进。后来，他成功了，毕生都在救济穷人，做了大量对社会有益的事情。

心灵物语

冉·阿让正是由于摆脱了过去的束缚，才能重新开始生活、重新定位自己。

人们也常说，"好汉不提当年勇"，同样，当年的辉煌仅能代表我们的过去，而不代表现在。面对过去的辉煌也好、失意也罢，太放在心上就会成为一种负担，容易让人形成一种思维定式，结果往往令曾经辉煌过的人不思进取，而那些曾经失败过的人依然沉沦、堕落。然而，这种状态并非是一成不变的……

170

远离孤独感

这个世界上，男男女女或多或少都会有一些孤独感。孤独是人生的一种痛苦，尤其是内心的孤寂更为可怕。一些孤独的人远离人群，将自己内心紧闭，过着一种自怜自艾的生活，甚至有些人因此而导致性格扭曲，精神异常。

其实，孤独的人并不需要特别引起别人的同情或怜悯，他们需要的是重新建立自己的新生活，结交新的朋友，培养新的兴趣。而处于孤独之中只能使自己不断地沉沦下去。

孤独的人大多是受过创伤的人，偏偏许多人总是让创伤久久地留在自己的心头，这样心里怎么也难以明亮起来。实际上，只要自己能放下过去的包袱，同样可以找到新的爱情和友谊。爱情、友谊或快乐的时光，都不是一纸契约所能规定的。让我们面对现实，无论发生什么情况，你都有权利再快乐地生活下去。但是，必须了解：幸福并不是靠别人施舍，而是要自己去赢取别人对你的需求和喜爱。

一个孤独的人若想克服孤寂，就必须远离自怜的阴影，勇敢走入充满光亮的人群里。我们要去认识人，去结交新的朋友。无论到什么地方，都要兴高采烈，把自己的欢乐尽量与别人分享。

情景展现

瓦妮莎的丈夫因脑瘤去世后，她变得郁郁寡欢、脾气暴躁。以后的几年，她的脸一直紧绷绷的。

一天，瓦妮莎在小镇拥挤的路上开车，忽然发现一幢房子周围竖起一道新的栅栏。那房子已有一百多年的历史，颜色变白，有很大的门廊，过去一直隐藏在路后面。如今马路扩展，街口竖起了红绿灯，小镇已颇有些城市的味道，只是这幢漂亮房子前的大院已被蚕食得所剩无几了。

可这里的院子总是打扫得干干净净，上面绽放着鲜艳的花朵。一个系着围裙、身材瘦小的女人经常会在那里，侍弄鲜花，修剪草坪。

瓦妮莎每次经过那房子，总要看看迅速竖立起来的栅栏。一位年老的木匠还搭建了一个玫瑰花阁架和一个凉亭，并漆成雪白色，与房子很相称。

一天她在路边停下车，长久地凝视着栅栏。木匠高超的手艺令她惊叹不已。她实在不舍得离去，索性熄了火，走上前去，抚摸栅栏。它们还散发着油漆味。里面的那个女人正试图开动一台割草机。

"喂！"瓦妮莎一边喊，一边挥着手。

"嘿，亲爱的。"里面那个女人站起身，在围裙上擦了擦手。

"我在看你的栅栏。真是太美了。"

那位陌生的女子微笑道："来门廊上坐一会儿吧，我告诉你栅栏的故事。"

她们走上后门台阶，当栅栏门打开的那一刻，瓦妮莎欣喜万分，她终于来到这美丽房子的门廊，喝着冰茶，周围是不同寻常又赏心悦目的栅栏。"这栅栏其实不是为我设的。"那妇人直率地说道，"我独自一人生活，可有许多人来这里，他们喜欢看到真正漂亮的东西，有些人见到这栅栏后便向我挥手，几个像你这样的人甚至走进来，坐在门廊上跟我聊天。"

"可面前这条路加宽后，这儿发生了那么多变化，你难道不介意？"

"变化是生活中的一部分，也是铸造个性的因素，亲爱的。当你不喜欢的事情发生后，你面临两个选择，要么痛苦愤怒，要么振奋前进。"当瓦妮莎起身离开时，那位女子说："任何时候都欢迎你来做客，请别把栅栏门关上，这样看上去很友善。"

瓦妮莎把门半掩住，然后启动车子。内心深处有种新的感受，但是没法用语言表达，只是感到，在她那颗愤怒之心的四周，一道坚固的围墙轰然倒塌，取而代之的是整洁雪白的栅栏。她也打算把自家的栅栏门开着，对任何准备走近她的人表示出友善和欢迎。

心灵物语

强烈的孤独感会让你与社会、与他人隔离，而这种自我封闭又会让你更加孤独，长此以往势必形成一种恶性循环，让你沉溺其中，不能自拔。长时间被孤独感所控制，你所要承受的不仅仅是情感上的痛苦，甚至是身体上的伤害。

要知道，别人不会对你们封锁沟通的桥梁，可是，如果你自我封闭，又如何能得到别人的友爱和关怀。走出自己狭小的空间，敞开你的心门，用真心去面对身边的每一个人，收获友情的同时，你眼中的世界会更加美好。

有一种美丽叫错过

生活中有一种痛苦叫错过。人生中一些极美、极珍贵的东西，常常与我们失之交臂，这时的我们总会因为错过美好而感到遗憾和痛苦。其实喜欢一样东西未必非要得到它，俗话说："得不到的东西永远是最好的。"

当你为一份美好而心醉时，远远地欣赏它或许是最明智的选择，错过它或许还会给你带来意想不到的收获。

我们匆匆行走于这个世界时，是否可以将一路的美景尽收眼底，是否可以将世间珍品都收归己有？不，不可能，甚至大多数的时候我们常常错过它们。于是，人生便有了"遗憾"这个词。仔细想想，遗憾能给你留下什么？除了一种难以诉说的隐痛，似乎没有任何好处。所以，不要让自己总是怀有这种隐痛。佛法讲"万事随缘"，既然你与之无缘，那就随它自去吧！

人生要留一份从容给自己，这样就可以对不顺心的事，处之泰然；对名利得失，顺其自然。要知道世上所有的机遇并不都是为你而设的，人生总是有得有失，有成有败，生命之舟本来就是在得失之间浮沉！美丽的机会人人珍惜，然而却并非我们都能抓住，错过的美丽不一定就值得遗憾。

有些美丽是不该错过的，而有些美丽则需要你去错过。

喜欢一样东西不一定非要得到它。有时候，有些人为了得到他喜欢的东西，殚精竭虑，费尽心机，更有甚者可能会不择手段，以致走向极端。也许他在拼命追逐之后得到了自己喜欢的东西，但是在追逐的过程中，他失去的东西也无法计算，他付出的代价应该是很沉重的，是其得到的东西所无法弥补的。

为了强求一样东西而令自己的身心疲惫不堪，这很不划算，况且有些东西一旦你得到以后，日子一久或许就会发现它并不如原本想象中的好。如果你再发现你失去的比得到的东西更珍贵的时候，你一定会懊恼不已。俗话说："得不到的东西永远是最好的。"所以当你喜欢一样东西时，得到它也许并不是最明智的选择，而错过它却会让你有意想不到的收获。总之，人生需要一点随意和随缘，不为失去了的遗憾，也不为希求着的执着。无执、无贪，这便是禅的随性境界。

许多的心情，可能只有经历过之后才会懂得，如感情，痛过了之后才会懂得如何保护自己，傻过了之后才会懂得适时的坚持与放弃。在得到与失去的过程中，我们慢慢认识自己。其实生活并不需要这些无谓的执着，没有什么真的不能割舍的，学会放弃，生活会更容易！

因此，在你感觉到人生处于最困顿的时刻，也不要为错过而惋惜。失去的折磨会带给你意想不到的收获。花朵虽美，但毕竟有凋谢的一天，请不要再对花长叹了。因为可能在接下来的时间里，你将收获雨滴的温馨和细雨的浪漫。

岁月会把拥有变为失去，也会把失去变为拥有。你当年所拥有的，可能今天正在失去，当年未得到的，可能远不如今天你正拥有的。有时候错过正是今后拥有的起点，而有时拥有恰恰是今后失去的理由。

毋庸置疑，任何人的一生中，必然要经历无数次的错过。当我们失去了满以为可以得到的美好，总是会更加感叹人生路的难走。其实大可不必如此，不管人生错过了什么，我们都应致力于让自己的生命充满亮丽与光彩。

不要再为错过掉眼泪，笑着面对明天的生活，努力活出自己的精彩，前途也会是一片光明。

情景展现

美国的哈佛大学要在中国招一名学生，这名学生的所有费用由美国政府全额提供。初试结束了，有三十名学生成为候选人。

考试结束后的第十天，是面试的日子。三十名学生及其家长云集锦江饭店等待面试。当主考官劳伦斯·金出现在饭店的大厅时，一下子被大家围了起来。他们用流利的英语向他问候，有的甚至还迫不及待地向他做自我介绍。这时，只有一名学生，由于起身晚了一步，没来得及围上去。等他想接近主考官时，主考官的周围已经是水泄不通了，根本没有插空而入的可能。

于是他错过了接近主考官的大好机会，他觉得自己也许已经错过了机会，于是有些懊丧起来。正在这时，他看见一个外国女人有些落寞地站在大厅一角，目光茫然地望着窗外。他想，身在异国的她是不是遇到了什么麻烦，不知自己能不能帮上忙。于是他走过去，彬彬有礼地和她打招呼，然后向她做了自我介绍，最后他问道："夫人，您有什么需要我帮助的吗？"接下来两个人聊得非常投机。

后来这名学生被劳伦斯·金选中了，在三十名候选人中，他的成绩并不是最好的，而且面试之前他错过了跟主考官套近乎、加深自己在主考官心目中印象的最佳机会，但是他却无心插柳柳成荫。原来，那位异国女子正是劳伦斯·金的夫人，这件事曾经引起很多人的震动：原来错过了美丽，收获的并不一定是遗憾，有时甚至可能是圆满。

心灵物语

生活就是如此，跋涉于生命之旅，我们的视野有限，如果不肯错过眼前的一些景色，那么可能错过的就是前方更迷人的景色，只有那些善于舍弃的人，才会欣赏到真正的美景。

有些错过会诞生美丽，只要你的眼睛和心灵始终在寻找，幸福和快乐很快就会来到。只是有的时候，错过需要勇气，也需要智慧。

有缘无分莫执着

爱情中，聚聚散散、离离合合是一件很正常的事，一如四季交替、阴晴雨雪。一段爱情，未必就是一个完整的故事，故事发生了也未必就会是一个完美的结局。对于爱情，我们不要将它视为不变的约定，曾经的海誓山盟谁又能保证它不会成为昔日的风景？

是你的就是你的，不是你的就不要强求，过分的执着伤人且又伤己。

倘若我们将人生比作一棵枝繁叶茂的大树，那么爱情仅仅是树上的一粒果子，爱情受到了挫折、遭受到了一次失败，并不等于人生奋斗全部失败。世界上有很多在爱情生活方面不幸的人，却成了千古不朽的伟人。因此，对失恋者来说，对待爱情要学会放弃，毕竟一段过去不能代表永远，一次爱情不能代表永生。

聚散随缘，去除执着心，让一切恩怨在岁月的流逝中淡去。那些深刻的记忆终会被时间的脚步踏平，过去的就让它过去好了，未来的才是我们该企盼的。

换言之，若是你没有能力给她（他）幸福，那么放手于你于她（他）而言，或许才是最好的选择；若是她（他）爱慕虚荣，因名、因利离你而去，你是不是更该感到庆幸呢？

爱情全凭缘分，缘来缘去，不一定需要追究谁对谁错，爱与不爱又有谁能够说得清楚？当爱来时，我们只管尽情去爱，当爱走时，就潇洒地挥一挥手吧！人生短短数十载，命运把握在自己手中，没必要在乎得与失、拥有与放弃、热恋与分离。失恋之后，如果能把诅咒与怨恨都放下，就会懂得真正的爱。

情景展现

传说从前有个书生，和未婚妻约定在某年某月某日结婚。然而到了那一天，未婚妻却嫁给了别人。书生大受打击，从此一病不起。家人用尽各种办法都无能为力，眼看即将不久于人世。这时，一位游方僧人路过此地，得知情况以后，遂决定点化一下他。于是，这位僧人来到书生床前，从怀中摸出一面镜子叫书生看。

镜中是这样一幅景象：茫茫大海边，一名遇害女子一丝不挂地躺在海滩上。有一人路过，只是看了一眼，摇摇头，便走了……又一人路过，将外衣脱下，盖在女尸身上，也走了……第三人路过，他走上前去，挖了个坑，小心翼翼地将尸体掩埋了……疑惑间，画面切换，书生看到自己的未婚妻——洞房花烛夜，她正被丈夫掀起盖头……书生不明所以。

僧人解释道："那具海滩上的女尸就是你未婚妻的前世。你是第二个路过的人，曾给过她一件衣服。她今生和你相恋，只为还你一个情。但是她最终要报答一生一世的人，是最后那个把她掩埋的人，那人就是她现在的丈夫。"

书生大悟，瞬息从床上坐起，病愈！

心灵物语

缘聚缘散总无强求之理。世间人，分分合合、合合分分谁能预料？该走的还是会走，该留的还是会留。

缘分这东西冥冥中自有注定，不要执着于此，进而伤害自己。但无论什么时候，我们都不要绝望，不要放弃自己对真、善、美的爱情追求。

淡看爱的流逝

爱过之后才知爱情本无对与错、是与非，快乐与悲伤会携手和你同行，直至你的生命结束！世上千般情，唯有爱最难说得清。

是的，只要真心爱过，分离对于每个人而言都是痛苦的。不同的是，聪明的人会透过痛苦看本质，从痛苦中挣脱出来，笑对新的生活；愚蠢的人则一直沉溺在痛苦之中，抱着回忆过日子，从此再不见笑容……

不过，千万不要憎恨你曾深爱过的人，或许他（她）还没有准备好与你牵手，或许他（她）还不够成熟，或许他（她）有你所不知道的原因。不管是什么，都别太在意，别伤了自己。你应该意识到，如此优秀的你，离开他一样可以生活得很好。你甚至应该感谢他（她），感谢他（她）让你对爱情有了进一步的了解，感谢他（她）让你在爱情面前变得更加成熟，感谢他（她）给了你一次重新选择的机会。他的离去，或许正预示着你将迎接一个更美丽的未来。

你要知道，爱情是变化的，任凭再牢固的爱情，也不会静如止水。爱情不是人生中一个凝固的点，而是一条流动的河。

情景展现

陈海光和张海丽是华南某名牌大学的高才生。他们俩既是同班同学，又是同乡，所以很自然地成了形影不离的一对恋人。

一天陈海光对张海丽说："你像仲夏夜的月亮，照耀着我梦幻般的诗意，使我有如置身天堂。"张海丽也满怀深情地说："你像春天里的阳光，催生了我蛰伏的激情。我仿佛重获新生。"两个坠入爱河的青年人就这样沉浸在爱的海洋中，并约定等陈海光拿到博士学位就结成秦晋之好。

半年后，陈海光负笈远洋到国外深造。多少个异乡的夜晚，他怀着尚未启封的爱情，像守着等待破土的新绿。他虔诚地苦读，并以对爱的期待时时激励着自己的锐志。几年后，陈海光终于以优异的成绩获得博士学位，处于兴奋状态的他并未感到信中的张海丽有些许变化。学业期满，他恨不得身长翅膀脚生云，立刻就飞到张海丽身边。然而他哪里知道，昔日的女友早已和别人搭上了爱的航班。陈海光找到张海丽后质问她，张海丽却真诚地说："我对你已无往日的情感了，难道必须延续这无望的情缘吗？如果非要延续的话，你我只能更痛苦。"陈海光只好退到别人的爱情背面，默默地舔舐着自己不见刀痕的伤口。

心灵物语

或许我们会站在道义的立场上，为品德高尚、一诺千金的陈海光表示惋惜，但我们又能就此来指责张海丽什么呢？怪只能怪爱本身就具有一定的可变性。

爱情面前，不要轻易说放弃，但放弃了，就不要再介怀。经不起考

验的爱情是不深刻的。唯有经得起考验的爱情才值得你去珍惜，才会使你的人生更丰富多彩。

坦然接受生命的无常

生命每时每刻都在不停地流逝，然而能洞察到这一点的人却不多，洞察到且能够超越的人更是微乎其微。通常，人们总是沉浸在种种短暂幻化泡沫式的欢乐中，不愿意正视这些。可是，无常本就是生命存在的痛苦事实，故生命从来就没有停止流逝。

生命的流逝乃至消失，是必须面对的事实，逃避是不可能的，也无法逃避。无常的真理在事物中无时无刻不在现身说法：依恋的亲人突然间死去，熟悉的环境时有变迁，周围的人物也时有更换。享受只是暂时，拥有无法永恒。

秦皇汉武、唐宗宋祖，转眼间，而今都已不在。人世间的荣耀与悲哀，到最后统统埋在土里，化作寒灰。他们活着的时候，南征北战，叱咤风云，风流占尽，转眼间失意悲伤，仰天长啸，感叹人世，瞑目长逝了，也都化成一捧寒灰，连缅怀的袅袅香烟皆无。如果生前尚能冷静地反省，一定会明晓生活在世界上是大可不必吵闹不休的。"闲云潭影空悠悠，物换星移几度秋？阁中帝子今何在？槛外长江空自流"。

春该常在，花应常开，而春来了又去了，了无踪迹；花开了又落了，花瓣也被夜里的风雨击得粉碎，混同泥尘，流得不知去处。

的确，人们每提起"人生无常"这个观念，大多认为意义是负面的，但我们是否曾从相反的角度来考虑问题——若不是有无常的存在，花儿永远不会开放，始终保持含苞的姿态，那大自然岂不是太无趣了吗？大自然中，当花草树木的种子悄悄地掉落大地，无常就开始包围着它们，让阳光、土壤和水来滋养和改变它们，不消多久，植物的种子开始生根、发芽、长叶、开花和结果，让人们惊异于生命的可贵，这是无常带来的改变，这种改变是一种喜悦。

人们害怕无常，不喜欢无常带来的负面改变。但是，任何现象都是一体两面的，有白天就有黑夜，有好就有坏，有对就有错，有生就有死，有天堂也有地狱，因此不必害怕无常，反而要勇敢地接受无常，迎接它令人欢喜的一面，也接受它使人痛苦的另一面。

情景展现

传说有一位妇人，她只生了一个儿子，因此，她对这唯一的孩子百般呵护，特别关爱。可是，天有不测风云，人有旦夕祸福；妇人的独生子忽然染上恶疾。虽然妇人尽其所能邀请各方名医来给她的儿子看病，但是，医师们诊视以后都相继摇头叹息，束手无策。不久，妇人的独生子就离开了人世。

这突然而至的打击就像晴天霹雳，让妇人伤透了心。她天天守在儿子的坟前，夜以继日地哀伤哭泣。她形若槁木，面如死灰，悲伤地喃喃自语："在这个世间，儿子是我唯一的亲人，现在他竟然抛下了我先走了，留下我孤苦伶仃地活着，有什么意思啊？今后我要依靠谁啊？唉！我活着还有什么意义呢？"

妇人决定不再离开坟前一步，她要和自己心爱的儿子死在一起！四天、五天过去了，妇人一粒米也没有吃，她哀伤地守在坟前哭泣，爱子就此永别的事实如锥刺心，实在是让妇人痛不欲生啊！

这时，远方的佛陀在云中观察到这个情形，慈祥地望着她，缓缓地问道："你为什么一个人孤单地在这墓冢之间呢？"妇人忍住悲痛回答："我唯一的儿子带着我一生的希望走了。他走了，我活下去的勇气也随着他走了！"佛陀听了妇人哀痛的叙述，便问道："你想让你的儿子死

人生中的七味心药

而复生吗？""那是我的希望！"妇人仿佛是水中的溺者抓到浮木一般。

"只要你点着上好的香来到这里，我便能使你的儿子复活。"佛陀接着嘱咐，"但是，记住！这上好的香要用家中从来没有死过人的人家的火来点燃。"

妇人听了，二话不说，赶紧准备上好的香，拿着香立刻去寻找从来没有死过人的人家的火。她见人就问："您家中是否从来没有人过世呢？""家父前不久刚往生。""妹妹一个月前走了。""家中祖先乃至于与我同辈的兄弟姊妹都一个接着一个过世了。"妇人始终不死心，然而，问遍了村里的人家，没有一家是没死过人的。她找不到这种火来点香，失望地走回坟前，向佛陀说："我走遍了整个村落，每一家都有家人去世，没有家里不死人的啊……"

佛陀见因缘成熟，就对妇人说："这个婆娑世界的万事万物，都是遵循着生灭、无常的道理在运行。春天，百花盛开，树木抽芽，到了秋天，树叶飘落，乃至草木枯萎，这就是无常相。人也是一样的，有生必有死，谁也不能避免生、老、病、死、苦，并不是只有你心爱的儿子才经历这变化无常的过程啊！所以，你又何必执迷不悟，一心寻死呢？能活着，就要珍惜可贵的生命，运用这个人身来修行，体悟无常的真理，从苦中解脱。"

老妇人听了佛陀为她宣说无常的真谛，立刻扭转了自己错误的观念知见。

心灵物语

诸行无常，一切都不会永住。人、动物、花草、树木、山川、土地，都是不会常住的，会生便会灭。

生死皆是禅，生时能了悟生之意义，能以"一口吞尽虚空"的气魄对己对人，生便是悟，死时能无怨，无碍一身清风正气。死才能了却一切痴怨，自由来去。

第六篇
心不安,欲无边:让心多点淡然

　　心安者能够清醒驾驭不安分的念想,在得到理想的收获后亦能处之泰然。他们看似随遇而安,实则是悟透了知足常乐的最大内涵。所以,他们能够以一颗平常心去面对人生中的风云变幻,这让他们看上去是那么的沉稳与高雅。

知足常乐

知足常乐，谁都能读懂的四个字，可真正做起来又是何其不易。大千世界、芸芸众生，又有几人能够悟透这种境界？尤其是在这纷繁复杂的社会中，我们究竟怎样才能避开"不知足"的诱惑？

正所谓"知足天地宽，贪则宇宙窄"。做人，唯有放下肩头利欲的重担，拉住知足的手，珍惜所得到的、所拥有的一切，才能在知足中进取，快乐才会永远陪伴左右。

可是，人们往往很难按捺住自己躁动的心，于是我们因为"不自知"不断地去争、去取、去夺，然而，成功和满足却依旧离我们那样遥远。即便真的很困、很累、很疲倦，但我们却从不肯让自己歇息片刻，而这一切只是为了"知足"。殊不知，凡事没有最好，只有更好，你若得陇望蜀，那么就永远也无法获得满足。

其实，知足也无非是在一念之间，当你得到了生命中正常所需，你感到满足，那么快乐即会随之而来；相反，倘若你所求的过多，永远不肯停止索求的脚步，那么你将很难感受到快乐。

其实，人真的没有必要给自己的心灵增加太多的负担，更没有必要对生活产生太多的不满。生活免不了存在缺陷，只要能够珍惜"我所有"，让自己拥有一颗知足的心，以一颗平常心去寻找生活中快乐的亮点，你的内心就一定能够阳光永驻。如此，生活就不会那般沉重，更不会让你充满怨言。

所以，请知足吧！生命是何其短暂，我们何必要用欲望来折磨自己？人生知足才能常乐！常乐才能幸福。

情景展现

有一位大国的国王,名叫察微。有一次,在空闲的日子里,察微王穿着粗布衣服,去巡视民情。他看到一个老头正在愁眉苦脸地补鞋,就开玩笑地问他说:"天下的人,你认为谁是最快乐的?"

老头儿不假思索地回答:"当然是国王最快乐了,难道是我这老头儿呀?"

察微王问:"他怎么快乐呢?"

老头儿回答道:"百官尊奉,万民贡献,想要什么,就能有什么,这当然很快乐了。哪像我整天要为别人补鞋子这么辛苦。"

察微王说:"那倒如你讲的。"

他便请老头儿喝葡萄酒,老头儿醉得毫无知觉。察微王让人把他扛进宫中,对宫中的人说:"这个补鞋的老头儿说做国王最快乐。我今天和他开个玩笑,让他穿上国王的衣服,听理政事,你们配合点。"

宫中的人说:"好!"

老头儿酒醒过来,侍候的宫女假意上前说道:"大王醉酒,各种事情积压下许多,应该去听理政事了。"

众人把老头儿带到百官面前,宰相催促他处理政事,他懵懵懂懂,东西不分。史官记下他的过失,大臣又提出意见。他整日坐着,身体酸痛,连吃饭都觉得没味道,也就一天天瘦了下来。

宫女假意地问道:"大王为什么不高兴呀?"

老头儿回答道:"我梦见我是一个补鞋的老头儿,辛辛苦苦,想找碗饭吃,也很艰难,因此心中发愁。"

众人莫不暗暗好笑。夜里,老头儿翻来覆去睡不着觉,说道:"我究竟是一个补鞋的老头呢,还是一个真正的国王?要真是国王,皮肤怎么这么粗?要是个补鞋的老头又怎么会在王宫里?是我的心在乱想,还是眼睛看错了?一身两处,不知哪处是真的?"

人生中的七味心药

王后假意说道:"大王的心情不愉快。"便吩咐摆出音乐舞蹈,让老头儿喝葡萄酒。

老头儿又醉得不知人事。大家给他穿上原来的衣服,把他送回原来的破床上。老头儿酒醒过来,看见自己的破烂屋子,还有身上的破旧衣服,都和原来一样,全身关节疼痛,好像挨了打似的。

几天之后,察微王又去看老头儿。老头儿说:"上次喝了你的酒,就醉得不晓人事,到现在才醒过来。我梦见我做了国王,和大臣们一起商议政事。史官记下了我的过失,大臣们又批评我,我心里真是惊惶忧虑,全身关节疼痛,比挨了打还痛苦。做梦都如此,不知道真正做了国王会怎么样?上次说的那些话错了。"

因而察微王说:"莫羡王孙乐,王孙苦难言;安贫以守道,知足即是福。"

心灵物语

补鞋的老头儿羡慕国王的生活,以为锦衣玉食、万民朝拜就是一种快乐,岂不知国王也有国王的苦恼,补鞋也有补鞋的乐趣。

其实布衣茶饭,也可乐终身。人生在世,贵在懂得知足常乐,要有一颗豁达开朗平淡的心,在缤纷多变的生活中,拒绝各种诱惑,心境变得恬适,生活自然就愉悦了。而人之所以有烦恼,就在于不知足,整天在欲望的驱使下,忙忙碌碌地为着自己所谓的"幸福"追逐、焦灼、钩心斗角……结果却并非所想。

丢掉多余的东西

当你发现自己被四面八方的各种琐事捆绑得动弹不得的时候，难道你不想知道是谁造成今天这个局面？

大家都有这样的体验：从早到晚忙忙碌碌，没有一点空闲，但当你仔细回想一下，又觉得自己这一天并没有做什么事。这是因为我们花了很多时间在一些无谓的小事上，泛滥的忙碌只会让我们失去自由。

《时代杂志》曾经报道过一则封面故事"昏睡的美国人"，大概的意思是说，很多美国人都很难体会"完全清醒"是一种什么样的感觉。因为他们不是忙得没有空闲，就是有太多做不完的事。

美国人终年"昏睡不已"，听起来有点不可思议。不过，这并不是好玩的笑话，这是极为严肃的话题。

仔细想一想，你一年之中是不是也像美国人一样，没多少时间是"清醒"的？每天又忙又赶，熬夜、加班、开会，还有那些没完没了的家务，几乎占据了你所有的时间。有多少次，你可以从容地和家人一起吃顿晚饭？有多少个夜晚，你可以不担心明天的业务报告，安安稳稳地睡个好觉？应接不暇的杂务明显成为日益艰巨的挑战。许多人整日行色匆匆，疲惫不堪。放眼四周，"我好忙"似乎成为一般人共同的口头禅，忙是正常，不忙是不正常。试问，还有能在行程表上挤出空当的人吗？

奇怪的是，尽管大多数人都已经忙昏了，每天为了"该选择做什么"而无所适从，但绝大多数的人还是认为自己"不够"。这是经常听见的说法，"我如果有更多的时间就好了""我如果能赚更多的钱就好了"，好像很少听到有人说："我已经够了，我想要的更少！"

人生中的七味心药

事实上，太多选择的结果往往是变成无可选择。即使是芝麻绿豆大的事，都在拼命消耗人们的精力。根据一份调查，有 50% 的美国人承认，每天为了选择医生、旅游地点、该穿什么衣服而伤透脑筋。

如果你的生活也不自觉地陷入这种境地，你该怎么办？以下有三种选择。第一，面面俱到。对每一件事都采取行动，直到把自己累死为止。第二，重新整理。改变事情的先后顺序，重要的先做，不重要的以后再说。第三，丢弃。你会发现，丢掉的某些东西，其实是你一辈子都不会再需要的。

情景展现

1936 年，美国好莱坞影星利奥·罗斯顿在英国一次演出时，因患心肌衰竭被送进了伦敦一家著名的医院——汤普森急救中心。因为他的疾病起因于肥胖，当时他体重 385 磅，尽管抢救他的医生使用了当时医院最先进的药物和医疗器械，但最终还是没有能够挽留住他的生命。他在临终时不断自言自语，一遍遍重复道："你的身躯很庞大，但你的生命需要的仅仅是一颗心脏。"

汤普森医院的院长为一颗艺术明星过早地陨落而感到非常伤心和惋惜，他决定将这句话镌刻在医院的大楼上，以此来警策后人。

1983 年，美国的石油大亨默尔在为生意奔波的途中，由于过度劳累，患了心肌衰竭，也住进了这家医院。一个月之后，他顺利地病愈出院了。出院后他立刻变卖了自己多年来辛苦经营的石油公司，住到了苏格兰的一栋乡下别墅里去了。1998 年，在汤普森医院百年庆典宴会上，有记者问前来参加庆典的默尔："当初你为什么要卖掉自己的公司？"默尔指着镌刻在大楼上的那句话说："是利奥·罗斯顿提醒了我。"

后来在默尔的传记里写有这样一句话："巨富和肥胖并没有什么两样，不过是获得了超过自己需要的东西罢了。"

心灵物语

的确，多余的脂肪会压迫人的心脏，多余的财富会拖累人的心灵。因此，对于真正享受生活的人来说，任何不需要的东西都是多余的，他们不会让自己去背负这样一个沉重的包袱。

天空广阔能盛下无数的飞鸟和云，海湖广阔能盛下无数的游鱼和水草，可人并没有天空开阔的视野，也没有海湖广阔的胸襟，要想能有足够轻松自由的空间，就得抛去琐碎的繁杂之物，比如无意义的烦恼、多余的忧愁、虚情假意的阿谀、假模假式的奉承……如果把人生比作一座花园，这些东西就是无用的杂草，我们要学会将这些杂草铲除。

别被欲望赶着跑

一个人如果欲望太多，他就会变得越贪婪。一个永不知足的人是无法感受到幸福的。

人，饥而欲食，渴而欲饮，寒而欲衣，劳而欲息。幸福与人的基本生存需要是不可分离的。人们在现实中感受或意识到的幸福，通常表现为自身需要的满足状态。人的生存和发展的需要得到了满足，便会产生内在的幸福感。幸福感是一种心满意足的状态，植根于人的需求对象的土壤里。

然而，很多人都是希望自己拥有的再多一些，从来没有满足的时候。民间流传着一首《十不足诗》："终日奔忙为了饥，才得饱食又思衣。冬穿绫罗夏穿纱，堂前缺少美貌妻。娶下三妻并四妾，又怕无官受人欺。四品三品嫌官小，又想面南做皇帝。一朝登了金銮殿，却慕神仙下象棋。洞宾与他把棋下，又问哪有上天梯。若非此人大限到，上到九天还嫌低。"

这首诗将那些贪心不足者的恶性发展写得淋漓尽致。物欲太盛造成的灵魂变态就是永不知足。没有家产想家产，有了家产想当官，当了小官想大官，当了大官想成仙……精神上永无宁静，永无快乐。

一个人的欲望越多，他所受到的限制就越大；一个人的欲望越少，他就会越自由、越幸福。

情景展现

有一个卖服装的商人，他有很多钱，但却终日愁眉不展，睡不好觉。细心的妻子将丈夫的郁闷看在眼里、急在心上，她不忍丈夫这样被烦恼折磨，就建议他去找心理医生看看，于是他前往医院去看心理医生。

医生见他双眼布满血丝，便问他："怎么了，是不是受失眠所苦？"服装商人说："是呀，真叫人痛苦不堪。"心理医生开导他说："别急，这不是什么大毛病！你回去后如果睡不着就数数绵羊吧！"服装商人道谢后离去了。

一个星期之后，他又出现在心理医生的诊室里。他双眼又红又肿，精神更加颓丧了。心理医生复诊时非常吃惊地说："你是照我的话去做的吗？"服装商人委屈地回答说："当然是啊！还数到三万多只呢！"心理医生又问："数了这么多，难道还没有一点睡意？"服装商人答："本来是困极了，但一想到三万多只绵羊有多少毛呀，不剪岂不可惜？"心理医生于是说："那剪完不就可以睡了？"服装商人叹了口气说："但头疼的问题又来了，这三万只羊的羊毛所制成的毛衣，现在要去哪儿找买主呀？一想到这，我就睡不着了！"

心灵物语

这个服装商人就是生活中高压人群的真实写照，他们被种种欲望驱赶着跑来跑去，疲乏至极，每天睁开眼睛想到的是金钱，闭上眼睛又谋划着权力，日复一日，年复一年。这样的人怎么会享受到幸福呢？

有些欲望是自然而必要的，有些欲望是非自然而不必要的，前者包括面包和水，后者就是指权势欲和金钱欲等。人不可能抛弃名利，完全满足于清淡生活，但对那些不必要的欲望，至少应当有所节制。

不安分的人容易掉进陷阱

欲望一物，常令人心生不安，为之痴狂，且变化万千，令人防不胜防，一不留神就会坠入精心布置的陷阱。

大体上说，一般贪婪自私的人目光如豆，只看得见眼前的利益，看不见身边隐藏的危机，也看不见自己生活的方向。人如果贪欲过盛，往往却是生活在日益加剧的痛苦中。即使欲望获得满足，他们仍然会失去正确的人生目标，陷入对蝇头小利的追逐。还有一些人好贪小便宜，却因此而吃了大亏，这就是所谓的"知足之人永不穷，不知足之人永不富"。

所以，不要被突如其来的实惠或好运迷惑，其实天上是不会掉馅饼的。然而，生活中的陷阱太多了，金钱、名誉、地位、美女、机遇……其实，所有的陷阱都有一个共同的特点，就是抓住人心中最脆弱的那根弦，使人像中了魔似的不能脱身，毫不犹豫地跳进陷阱里。掉进陷阱的人，多数是因为贪恋不该属于自己的那份东西；被当时不属于自己的东西所诱惑，结果总是得不偿失的。

情景展现

一天，老赵去城里看望儿子儿媳，走在半路上，突然见到一个精美的首饰盒滚到他的脚边。身旁的一个小伙子眼尖手快，急忙捡了起来；

人生中的七味心药

打开一看，里面竟然有一条金项链，还附着一张发票，上面写着某某饰品店监制，售价2800元。老赵当即拽住小伙子，让他在原地等候失主，可是等了老半天，还是没人来领。

那个小伙子便小声提议两个人私分，说："给我1000元，项链归你。"边说边朝巷口走去。老赵平时就有个贪小便宜的习惯，看看项链，就更动心了。他心想："我可以把它送给我的儿媳妇，当年她嫁过来的时候，我们手头不宽裕也没怎么给她买过东西。这次去看他们，正好把这条项链送给她，她一定会很高兴的。这也是我这个做公公的一番心意嘛。"

老赵的犹豫没有逃过小伙子的眼睛，他更是一个劲地说这条项链有多好，今天运气好才会遇到的。老赵经不住小伙子的游说，便说："可是我没有这么多钱，我是来城里看我儿子的，身上只带了800块钱。"

小伙子故作大方地说："这样呀，没有关系，我就吃点亏，谁叫您年纪比我大呢。"

于是，老赵就把好不容易凑到的800块钱给了小伙子，拿着那条金项链美滋滋地向儿子家走去。

一到儿子家，他便把路上的事情跟儿子儿媳说了，还拿出那条金光闪闪的项链送给儿媳妇。小夫妻俩一听就不对，果然，那条项链根本就是假的。

老赵这才恍然大悟，原来人家设了一个陷阱让他跳。

老赵非常懊恼，却毫无办法。为此，他还大病了一场。幸好，他记取了这一教训，再也不敢贪小便宜了。

心灵物语

人的贪欲是一个永远都无法填满的无底洞，清醒的人不会轻易掉落，贪婪的人不请自来。无论何时何地，我们都应看清金钱对于自己的真正价值。永远都应记住金钱应该是为我们服务的，而不是奴役我们灵

192

魂的魔鬼。

大千世界，纸醉金迷，欲望无处不在，陷阱亦随处可见。做人不能被欲望迷住眼睛，傻傻地跳进欲望挖下的深坑，让人蔑视、嘲笑。

身外物，不奢恋

人人都有喜好，但过分痴迷于某一事物则不可取，不能让诱惑自己的东西太杂太多，因为它往往会成为对手击败你的契机。

托尔斯泰曾说过："欲望越小，人生就越幸福。"这话蕴涵着深刻的人生哲理。它是针对欲望越大，人越贪婪，越易致祸而言的。"身外物，不奢恋"，这是思悟后的清醒。谁能做到这一点，谁就会活得轻松，过得自在。

其实，每个人心中都应有一把锁，锁住一切贪欲和私念，这样在我们的人生旅途中，才会光明磊落。一旦随意打开它，那我们还有什么可以锁住？管好心中这把锁，你就为自己的心灵打开了一片广阔的天空。

明末清初有一本叫作《解人颐》的书，书中对"欲望"有一段入木三分的描述：

"终日奔波只为饥，方才一饱便思衣。

"衣食两般皆俱足，又想娇容美貌妻。

"娶得娇妻生下子，恨无田地少根基。

"买到田园多广阔，出入无船少马骑。

"槽头拴了骡和马，叹无官职被人欺。

"当了县丞嫌官小，又要朝中挂紫衣。

"若要世人心里足，除是南柯一梦西。"

由此可见，人心不足蛇吞象不是一句空言。做人如果控制不住自己

人生中的七味心药

的欲望，就要成为欲望的奴隶，最终要被欲望所淹没。人之求利，情理之常，但君子爱财，应取之有道。如果无视社会法律、规则、道德，一味地强取豪夺，贪婪成性，只能遭人唾弃。锁住贪欲，放下贪婪，会让你活得更轻松、更坦然。

欲望，人皆有之。欲望本身并非都不好，但是欲望一旦无度，变成了贪欲，人也就变成了欲望的奴隶。贪婪是灾祸的根源。过分的贪婪与吝啬，只会让人渐渐地失去信任、友谊、亲情等；物欲太盛造成灵魂变态，精神上永无快乐，永无宁静，只能给人生带来无限的烦恼和痛苦。

情景展现

老将军横刀立马，运筹帷幄，屡破强敌，威名远播。他一生淡泊名利，却唯独对瓷器青睐有加，几近痴迷。敌国谋士探得老将军这一嗜好以后，计上心头，决定借此做些文章。

谋士千方百计通过第三方让老将军得知，不远处的一座寺庙，住持为修葺佛堂正在出售多年收藏的瓷器，且件件都是稀世珍品。老将军闻听此讯，立即丢下军务，兴冲冲地奔赴寺庙，结果自然是高兴而去，扫兴而归。更可气的是，就在老将军离开的这段时间，敌人乘机攻下了一座城池。

回城后，老将军愤怒不已，他出神地望着手中的一件瓷器，思索着城池陷落的前后。突然，瓷器自手中滑落，多亏老将军反应迅速，在落地之前牢牢地将瓷器抓在手中，身上已然惊出了冷汗。老将军心想："我率领千军万马往来于敌阵之间，从未有过一丝惧怕，没想到一件小小的瓷器竟将我吓成这般模样。"想着想着，老将军扬起手，将瓷器狠狠地摔在了地上。

心灵物语

其实，老将军在砸碎瓷器的同时，也砸碎了自己的痴念。做人，若想掌控欲望，就必须要持有一颗平常心，在掌控住欲望的同时，也就意味着我们锁住了贪婪。

钱财身外物，生不带来，死不带去；得之正道，所得便可喜，用之正道，钱财便助人成就好事。如果做了守财奴，一点点小钱也看得如性命，甚至为了钱财忘了义理，为一得失不惜毁了容颜丢掉性命，那也就是为物所役，那"倒不如无此一物"了。所以前人说，人这一生可留意于物，但绝不可留恋于物，更不可为物所役。可见，锁住贪欲是非常必要的。

有时金钱也有毒

金钱不应该是罪恶的根源，但如果金钱让人白天吃不香，夜里睡不着，那它就会成为戕害你的刽子手。对许多人来说，金钱不管拥有多少，总觉得还是不够，这就是过于贪婪了，太不值得了。

所以，我们要做金钱的主人，不要被金钱所奴役！换句话说，就是不要被金钱束缚。钱只有在使用时，才会产生它的价值，假如放着不用，就根本毫无意义。一个人一旦钻进钱眼里，就是把自己送进了陷阱。人生需要金钱，更需要快乐，有了金钱也许会有更多的快乐，但用快乐去换取金钱可能就不值得了。生活中除了金钱还有其他更有意义的事情。不要一心想着钱，有时候金钱也是有毒的。

如果把钱财看得太重，结果往往是对自己无益的。最终金钱不但不是为自己服务，自己反而被金钱所奴役。

其实生活的心态是一柄双刃剑，我们通常把拥有财产的多少、外表形象的好坏看得过于重要，用金钱、精力和时间去换取一种令外界羡慕的优越生活和无懈可击的外表，却丝毫没有察觉自己的内心在一天天地枯萎。

人生中的七味心药

任何时候我们都不可远离生活中的真善美，不能被金钱所奴役，时刻保持一颗不被铜臭所玷污的心，这样才能永远与快乐同行，否则，对金钱和财富的欲望会让我们堕入痛苦的深渊。

幸福和快乐原本是精神的产物，期待通过增加物质财富而获得它们，岂不是缘木求鱼？当我们为了拥有一辆漂亮的小汽车、一幢豪华别墅而加班加点地拼命工作，每天半夜三更才拖着疲惫的身体回到家里；为了涨一次工资，不得不默默忍受上司苛刻的指责，日复一日地赔尽笑脸；为了签更多的合同，年复一年日复一日地戴上面具，强颜欢笑……以至于最后回到家里的是一个孤独苍白的自己，长此以往，终将不胜负荷，最后悲怆地倒在医院病床上的一定是一个百病缠身的自己。此时此刻，我们应该问问自己："金钱真的那么重要吗？"有些人的钱只有两样用途：壮年时用来买饭吃，暮年时用来买药吃。

有钱固然是好，但是大量的财富却是桎梏。如果你认为金钱是万能的，你很快就会发现自己已经陷入痛苦之中。我们应该把自己放在生活主人的位置上，让自己成为一个真正的、完善的人。只有一个懂得享受生活情趣的人，才能让幸福快乐长久地洋溢在心间。

情景展现

很久以前有一个财主，生意做得特别大，每日算计、操心，有很多烦恼。挨着他家的高墙外面，住了一户很穷的人家，夫妻俩以做烧饼为生，却有说有笑，幸福美满。

财主的太太心生忌妒，说道："我们还不如隔壁卖烧饼的两口子，他们尽管穷，却活得非常快乐。"财主听了，便说："这个很容易，我让他们明天就笑不出来。"于是，他拿了一锭五十两重的金元宝，从墙上扔了过去。那夫妻俩发现地上不明不白地放着一个金元宝，心情立即大变。

第二天，夫妻俩商议，如今发财了，不想再卖烧饼了，那干点什么好呢？一下子发财了，又担心被别人误认为是偷来的。夫妻俩商量了三天三夜，还是找不到最好的办法，觉也睡不安稳，当然也就听不到他们的说笑声了。

财主对他的太太说："看！他们不说笑了吧？办法就是这么简单。"

"金钱永远只能是金钱，而不是快乐，更不是幸福。"这是希尔的一句名言。假如一个人只盯着金钱，那么他很容易就会掉进金钱的陷阱里。我们都要小心控制自己对金钱的欲望，在生活中，没有钱什么事情也不好办，但是如果有了钱而不去合理地花销，也是一文不值。

心灵物语

人生苦短，不要总是把自己当成赚钱的机器。一生为赚钱而活着是非常悲哀的，学会把钱财看得淡些，不要一味地去追求享受。

要做金钱的主人，不要做金钱的奴隶，最有效的办法是用自己的双手创造财富的同时，不妨多一点休闲的念头，不要忘了自己的业余爱好，不妨每天花点时间与家人一起去看场电影，去散散步，去郊游一次……如果这样，生活将会变得丰富多彩，富有情趣；心灵会变得轻松惬意，自由舒畅；生命会变得活力无限。

金银有价，人生无价

自然界的沧桑陵谷、沧海桑田，万物的生老病死，冥冥中自有注定，一切尽在生住异灭之中。你看那果子似未动，实则时刻皆在腐朽之中。纵使是人类赖以生存的地球，再历亿万年之久，也终将毁灭。名利、地位、金钱，莫不如是。既然此，我们又何必为物欲所累，惶惶不

人生中的七味心药

可终日呢？须知，纵使金银砌满楼，死去何曾带一文？

俗语说："纵有房屋千万座，睡觉只需三尺宽；纵积钱财千万亿，死去何曾带一文；今晚脱下鞋和袜，不知明早穿不穿。"话虽有几分粗，但理确是如此。人活一世，没有必要死盯着这些身外之物不放，吃得饱、穿得暖，生有所住，老有所依，咱们就可以敞开心门去追求那些更有价值的东西了，譬如快乐。

为人，应淡看富与贵。要知道，有所求的乐，如腰缠万贯，乃至一国之尊的富贵，是混沌和短暂的；无所求的乐，即"身心自由无欲求"的富贵心态，才是一种纯粹和永恒的乐。人生中真正有价值的，是拥有一颗开放的心，有勇气从不同的角度衡量自己的生活。那样，你的生命才会不断更新，你的每一天都会充满惊喜。

那么，人生的价值究竟应怎样诠释？相信每个人心中都有一个答案。但事实上，金钱绝不是衡量人生的标准，为金钱而活只是愚人的行径，智者追求的财富除了金钱以外，还会包括健康、青春、智慧……

情景展现

一位老人在小河边遇见一位青年。

青年唉声叹气，满脸愁云惨雾。

"年轻人，你为什么如此郁郁不乐呢？"老人关心地问道。

青年看了老人一眼，叹气道：

"我是一个名副其实的穷光蛋。我没有房子，没有老婆，更没有孩子；我也没有工作，没有收入，饥一顿饱一顿地度日。老人家，像我这样一无所有的人，怎么会高兴得起来呢？"

"傻孩子，"老人笑道，"其实你不该心灰意冷，你还是很富有的！"

"您说什么？"青年不解。

"其实，你是一个百万富翁呢。"老人有点儿诡秘地说。

"百万富翁？老人家，您别拿我这个穷光蛋寻开心了。"青年有些不高兴，转身欲走。

"我怎么会拿你寻开心呢？现在，你回答我几个问题。"

"什么问题？"青年有点好奇。

"假如，我用20万元买走你的健康，你愿意吗？"

"不愿意。"青年摇摇头。

"假如，现在我再出20万，买走你的青春，让你从此变成一个小老头儿，你愿意吗？"

"当然不愿意！"青年干脆地回答。

"假如，我再出20万元，买走你的容貌，让你从此变成一个丑八怪，你可愿意？"

"不愿意！当然不愿意！"青年头摇得像个拨浪鼓。

"假如，我再出20万，买走你的智慧，让你从此浑浑噩噩，了此一生，你可愿意？"

"傻瓜才愿意！"青年一扭头，又想走开。

"别急，请回答我最后一个问题，假如我再出20万，让你去杀人放火，让你失去良知，你愿意吗？"

"天哪！干这种缺德事，魔鬼才愿意！"青年愤愤然。

"好了，刚才我已经开价100万，却仍买不走你身上的任何东西，你说，你不是百万富翁，又是什么？"老人微笑着问。

青年恍然大悟，他笑着谢过老人的指点，向远方走去。

从此，他不再叹息，不再忧郁，微笑着寻找他的新生活。

心灵物语

试问，如果有人出价100万，要买走你的健康、你的青春、你的人格、你的尊严、你的爱情……你愿意吗？相信你一定会断然拒绝。如此说来，我们都是很富有的呢！

由此可见，我们每一个人都是富翁，因为我们已经意识到，物质上

的富有只是一种狭隘、虚浮的富有，而心灵上的富足才是真正的富有。人生的真正价值应在于，你能否利用有限的精力，为这世界创造无限的价值！

幸福不在于贫富

六祖慧能曾说"无忆无著，不起诳妄，用自真如性"，又言"于一切法，不取不舍，即是见性成佛道"。从惠能禅师的这两句话中不难发现，它们表达了一个共同的禅意——"贫不慕人，富不骄人，冷眼观贫富"。

寒山禅师也曾作偈《东家一老婆》来指导人们应该如何看待贫富。

"东家一老婆，富来三五年。

"昔日贫于我，今笑我无钱。

"渠笑我在后，我笑渠在前。

"相笑倘不止，东边复西边。"

寒山禅师这首诗偈寓意很深，以生活中一种常见的社会现象，提出令人深思的严肃问题。过去被我看不起的穷者，富了之后反笑我寒酸。我笑他在前，他笑我在后，笑与被笑的位置不断变换，必将陷入无穷的悲与喜的轮回之中。然而一旦做到了既不因贫贱羡人，也不以富贵骄人，超脱于世俗的祸福之外，唯求自心清静，律己自重，这样就不会陷入"东边复西边"的无尽烦恼之中了。

富者可能在某些时候或某些方面抓住了机遇，成为了富人，然而为富不仁、弃贫爱富就是贫困的另一种表现，而这种表现让整个社会都厌恶。以贫富论英雄，是一种狭义的贫富观。

那些贫穷一点的人更应该看清自己的位置，不要盲目自卑，更不要因为贫穷而丢掉某些富人们所未拥有的"富裕"。作为不富裕的人，一定要清醒地理解穷，思考为何会穷？千万不要轻信富人的杜撰、成功者奋斗的历史，道理很简单：别人的衣裳不一定适合自己穿。

可以说，世上没有绝对的穷人，也没有绝对的富人。以金钱衡量也只是一个局部，而我们面对的是人，是人生活的方方面面。

因此说，不管是富人还是穷人，都不要因为自己身处的位置而骄傲或者自卑、鄙视或者羡慕，正如一句广告词说的"每个人都有自己的舞台"，只要自己正视这点，我们都将是富有的人。

情景展现

一位十分富有的父亲，想让儿子见识一下穷人的生活，使他知道自己生在一个富有的家庭是多么幸福的事儿，就安排儿子去看看穷人们的生活。

于是，这位父亲带着一家人来到乡下，他想让儿子看看贫穷是多么的可怜。他们找到了一户最穷的人家，在那儿度过了一天一夜。

回来后，父亲便美滋滋地问儿子："你认为此行如何？"

"非常好，爸爸！"

"现在你该知道穷人的生活是什么样子了吧？"父亲问道。

"是的。"

"你都看见什么了？"

"我看到我们家花园中央有一个游泳池，他们却有一条没有尽头的小溪；我们家花园里有许多进口的灯，他们却拥有满天的繁星；我们的院子虽然很大，他们的院子却延伸到地平线上。"儿子说完后，父亲沉默无语。

儿子又说："谢谢你，爸爸，你让我明白了我们是多么贫穷！"

心灵物语

倘若我们暂时富裕,切莫鄙视或嫌弃那些不如我们的;如果我们暂时贫穷或者稍不如意,同样不必去羡慕那些整天开车、忙于应酬的人。正是由于生活是自己的,我们才能体会到那份只属于自己的幸福与甜蜜,而这绝对与贫穷或富裕没有必然的联系。

让期望再低一些

　　一些过高的期望其实并不能给你带来快乐,但却一直左右着我们的生活:拥有宽敞豪华的寓所;幸福的婚姻;让孩子享受最好的教育,成为最有出息的人;努力工作以争取更高的社会地位;能买高档商品,穿名贵的时装;跟上流行的大潮,永不落伍。要想过一种简单的生活,改变这些过高期望是很重要的。富裕奢华的生活需要付出巨大的代价,而且并不能相应地给人带来幸福。如果我们降低对物质的需求,改变这种奢华的生活,我们将节省更多的时间充实自己。清闲的生活将让人更加自信果敢,珍视人与人之间的情感,提高生活质量。幸福、快乐、轻松是简单生活追求的目标。这样的生活更能让人认识到生命的真谛所在。

　　生活需要简单来沉淀。跳出忙碌的圈子,丢掉过高的期望,走进自己的内心,认真地体验生活、享受生活,你会发现生活原本就是简单而富有乐趣的。简单生活不是忙碌的生活,也不是贫乏的生活,它只是一种不让自己迷失的方法,你可以因此抛弃那些纷繁而无意义的生活,全身心投入你的生活,体验生命的激情和至高境界。

　　耀眼的烟花很美,可那瞬间的绽放之后,就不再留存任何开放的痕迹。平淡之中的况味才值得细细体味，因为那才是生活真实的滋味。

情景展现

刘永东和他的妻子任丽莎原来同在一家国营单位供职，夫妻双方都有一份稳定的收入。每逢节假日，夫妻俩都会带着5岁的女儿丫丫去游乐园打球，或者到博物馆去看展览，一家三口其乐融融。后来，经人介绍，刘永东跳槽去了一家外企公司。不久，在丈夫的动员下，任丽莎也离职去了一家外资企业。

凭着出色的业绩，刘永东和任丽莎都成了各自公司的骨干力量。夫妻俩白天拼命工作，有时忙不过来还要把工作带回家。5岁的女儿只能被送到寄宿制幼儿园里。任丽莎觉得自从自己和丈夫跳到体面又风光的外企之后，这个家就有点旅店的味道了。孩子一个星期回来一次，有时她要出差，就很难与孩子相见。不知不觉中，孩子幼儿园毕业了，在毕业典礼上，她看到自己的女儿表演节目，竟然有点不认得这个懂事却可怜的孩子。孩子跟着老师学习了那么多，可是在亲情的花园里，她却像孤独的小花。频繁的加班侵占了周末陪女儿的时间，以至于平时最疼爱的女儿在自己的眼中也显得有点陌生了，这一切都让任丽莎陷入了一种迷惘和不安当中。

心灵物语

你是否和任丽莎一样经常发现自己莫名其妙地陷入一种不安之中，而找不出合理的理由。面对生活，我们的内心会发出微弱的呼唤，只有躲开外在的嘈杂喧闹，静静聆听并听从它，你才会做出正确的选择。否则，你将在匆忙喧闹的生活中迷失，找不到真正的自我。

生命是一种轮回。人生之旅，去日不远，来日无多，权与势、名与利……统统都是过眼烟云，只有淡泊才是人生的永恒。

第六篇 心不安，欲无边：让心多点淡然

203

简单地活着

　　幸福与快乐源自内心的简约，简单使人宁静，宁静使人快乐。人心随着年龄、阅历的增长而越来越复杂，但生活其实十分简单。保持自然的生活方式，不因外在的影响而痛苦抉择，便会懂得生命简单的快乐。

　　世界上的事无论看起来是多么复杂神秘，其实道理都是很简单的，关键在于是否看得透。生活本身是很简单的，快乐也很简单，是人们自己把它们想得复杂了，或者人们自己太复杂了，所以往往感受不到简单的快乐，他们弄不懂生活的意味。

　　睿智的古人早就指出："世味浓，不求忙而忙自至。"所谓"世味"，就是尘世生活中为许多人所追求的舒适的物质享受、为人欣羡的社会地位、显赫的名声，等等。今日的某些人追求的"时髦"也是一种"世味"，其中的内涵说穿了，也不离物质享受和对"上等人"社会地位的尊崇。

　　可怜的某些人在电影、电视节目以及广告的强大鼓动下，"世味"一"浓"再"浓"，疯狂地紧跟时髦生活，结果"不知不觉地陷入了金融麻烦中"。尽管他们也在努力工作，收入往往也很可观，但收入永远也赶不上层出不穷的消费产品的增多。如果不克制自己的消费欲望，不适当减弱浓烈的"世味"，他们就不会有真正的快乐生活。

　　陈美玲写道："'生活简单，没有负担'，这是一句电视广告词，但用在人的一生当中却再贴切不过了。与其困在财富、地位与成就的迷惘里，还不如过着简单的生活，舒展身心，享受用金钱也买不到的满足来得快乐。"

　　简单的生活是快乐的源头，它为我们省去了欲求不得满足的烦恼，又为我们开阔了身心解放的快乐空间！

简单就是剔除生活中繁复的杂念、拒绝杂事的纷扰；简单也是一种专注，叫作"好雪片片，不落别处"。生活中经常听一些人感叹烦恼多多，到处充满着不如意；也经常听到一些人总是抱怨无聊，时光难以打发。其实，生活是简单而且丰富多彩的，痛苦、无聊的是人们自己而已，跟生活本身无关；所以是否快乐、是否充实就看你怎样看待生活、发掘生活。如果觉得痛苦、无聊、人生没有意思，那是因为不懂快乐的原因！

快乐是简单的，它是一种自酿的美酒，是酿给自己品尝的；它是一种心灵的状态，是要用心去体会的。简单地活着，快乐地活着，你会发现快乐原来就是"众里寻他千百度，蓦然回首，那人却在灯火阑珊处"。

做人简单，每每能找到生活的快乐，平凡是人生的主旋律，简单则是生活的真谛。

情景展现

乡村中有一对清贫的老夫妇，有一天他们想把家中唯一值点钱的马拉到市场上去换点更有用的东西。老头牵着马去赶集了，他先与人换得一头母牛，又用母牛去换了一只羊，再用羊换来一只肥鹅，又把鹅换了母鸡，最后用母鸡换了别人的一口袋烂苹果。

在每次交换中，他都想给老伴一个惊喜。

当他扛着大袋子来到一家小酒店歇息时，遇上两个英国人。闲聊中他谈了自己赶集的经过，两个英国人听后哈哈大笑，说他回去准得挨老婆子一顿揍。老头子坚称绝对不会。英国人就用一袋金币打赌，两人于是一起跟着老头子回到家中。

老太婆见老头子回来了，非常高兴，她兴奋地听着老头子讲赶集的经过。每听老头子讲到用一种东西换了另一种东西时，她都充满了对老头的钦佩。

她嘴里不时地说着："哦，我们有牛奶喝了！"

"羊奶也同样好喝。"

"哦，鹅毛多漂亮！"

"哦，我们有鸡蛋吃了！"

最后听到老头子背回一袋已经开始腐烂的苹果时，她同样不愠不恼，大声说：“我们今晚就可以吃到苹果馅饼了！”

结果，英国人输掉了一袋金币。

心灵物语

简单的生活，快乐的源头，为我们省去了汲汲于外物的烦恼，又为我们开阔了身心解放的快乐空间。"简单生活"并不是要你放弃追求，放弃劳作，而是要我们抓住生活、工作中的本质及重心，以四两拨千斤的方式，去掉世俗浮华的琐务。

狄士雷曾经说过：“生命太短暂，无暇再顾及小事。”其实，我们根本没有必要把所有事情都放在心上，做人不妨简单一点，将那些无关紧要的烦恼抛到九霄云外，如此你会发现，生命中突然多了很多阳光。

第七篇
心不静,所以乱:按捺心的浮躁

心静者拥有笑看风云的舒畅,拥有纹丝不动的超然。他们欲求甚少,不慕虚荣,故而心地常空,不为欲动,所以淡泊明志,宁静致远。无邪念来袭,展现人之本性。

身静乃是末，心静才是本

我们做人，唯有高树理想与追求，淡看名利与享受，才能处身于浮华尘世而独守心灵的一方净土；才能坦对世间种种诱惑而心平如镜不泛一丝波澜。须知，唯有保持心的清静，我们才能书写一段精彩的人生。

印度著名诗人泰戈尔曾经说过："给鸟儿的翅膀缚上金子，它就再也不能直冲云霄了。"这个纷纷扰扰的大千世界处处充斥着诱惑，一个不留神，就会在我们心中激起波澜，致使原来纯净、澄明、宁静的心灵泛起喧哗和浮躁，我们就会在人生的道路上迷失方向。正所谓"心宁则智生，智生则事成"，平心静气，心无杂念才是我们成功的关键所在。

三国传奇人物诸葛亮在54岁时写下了《诫子书》，他在书中告诫自己8岁的儿子诸葛瞻："学须静也，才须学也。非学无以广才，非静无以成学。"在诸葛亮看来，心不静则必然理不清，理不清则必然事不明，人一旦心乱，就会失去理智，陷入迷茫。相反，人心若能进入"静"的境界，就会豁然开朗，人生便多了一些祥和，少了一些纷争；多了一些福祉，少了一些灾祸。

其实，只要我们能够静下心来，便可以聆听到外界的很多声音，一如风过竹林的簌簌声、雨打芭蕉的滴答声、窗外鸟叫虫鸣的啾啾声……人的心，多在静时较为敏锐，由此，外面的境界亦历历可辨。倘若我们在静谧之中能够多用些心，智慧便会从中而生。

情景展现

某人在家中遗失了一只名贵手表，内心十分焦急，遂请亲朋好友帮忙寻找。

于是，但凡家中的瓶瓶罐罐、箱箱柜柜都翻了个遍，但依旧毫无所获。最后，众人都累得气喘吁吁，只好稍作休息。手表主人感到非常沮丧，这时一位年轻人自告奋勇，要独自再去寻找。

他要求众人在房外等候，独自走进了房间，却坐在床上一动不动。

众人感到非常诧异——他不是要找手表吗，怎么一直不见他有所行动？所以大家也都静静地看着这位年轻人，想知道他葫芦里究竟卖的是什么药。

过了片刻，年轻人突然起身钻入床下，出来时手中拎着一只手表。

大家又喜又惊，纷纷问他："你怎么会知道手表在床下呢？"

年轻人莞尔一笑："当心静下来时，就可以听到手表的滴答声，自然便知道它在哪儿了。"

心灵物语

心静，是人生的一种境界，更是一种智慧、一种思考，是人生成功的必要成本。若想做到心静，就必须具备一种豁达自信的素质，具备一份恬然和难得的悟性。

世间万物皆有心。天有天心，天心静，则万籁俱寂，幽然而静美；人有人心，人心静，则心若碧潭，静如清泉……须知，身静乃是末，心静才是本。

第七篇 心不静，所以乱：按捺心的浮躁

扫除心中落叶

好人不是装出来的，一个真正善良的、受人尊敬的人首先要有一颗纤尘不染的心。外面的环境可以藏污纳垢，但我们的内心不能同流合污。心净则明白事理，心净则无愧己心。做轻轻松松、清清爽爽的好人，先从净化自己的内心开始。

人心就好比一面镜子，只有拭去镜面上的灰尘，镜子才能光亮，才能照清人的本来面目；所以，一个人也只有常常拭去心灵上的尘埃，方能露出其纯真、善良的本性来。

刚出生的小孩是那么纯净、那么透明、那么可爱，让人忍不住要去爱怜。但是随着他们的长大，一些人就变得越来越不可爱了，有些甚至到最后会变得令人厌恶，这是为什么？为何保持一份内心的洁净是如此困难？红尘浊世，是什么改变了我们？

生活中，财、色、利、贪、懒……时刻潜伏在我们的周围，像看不见的灰尘一样无孔不入。时间长了，不去清扫，人的心上就会积着厚厚的一层，灵智被蒙蔽了，善良被遮挡了，纯真亦不复见。

那些尘埃，颗粒极小、极轻。起初，我们全然不觉它们的存在，比如一丝贪婪、一些自私、一点懒惰，几分忌妒、几缕怨恨、几次欺骗……这些不太可爱的意念，像细微的尘灰，悄无声息地落在我们心灵的边角。而大多数的人并没注意，没去及时地清扫，结果越积越厚，直到有一天完全占满了内心，再也找不到自我。

落叶之轻，尘埃之微，刚落下来的时候难有感觉，但是存得久了，积得多了，清理起来就没那么容易了。在生命的过程中，也许我们无法躲避飘浮着的微尘，但千万不要忘记拂去。只有这样，我们的心灵才会如生命之初那般清洁、明净、透亮！

一切污浊皆源于心，有时一点小小的污垢就足可以令人误入歧途。时时检查自己的心灵，切莫让那本是洁净的心灵蒙尘。

情景展现

鼎州禅师与一位小沙弥在庭院里散步，突然刮起了一阵大风，从树上落下了好多树叶。鼎州禅师就弯下腰，将树叶一片片地捡了起来，放在口袋里。站在一旁的小沙弥忍不住劝说道："师父！您老不要捡了，反正明天一大早，我们都会把它打扫干净的。您没必要这么辛苦的。"

鼎州禅师不以为然地说道："话不是你这样讲的，打扫叶子，难道就一定能扫干净吗？而我多捡一片，就会使地上多一分干净啊！而且我也不觉得辛苦呀！"

小沙弥又说道："师父，落叶这么多，您在前面捡，它后面又会落下来，那您要到什么时候才能捡得完呢？"

鼎州禅师一边捡一边说道："树叶不光是落在地面上，它也落在我们心地上。我是在捡我心地上的落叶，这终有捡完的时候。"

小沙弥听后，终于懂得禅者的生活是什么。之后，他更是精进修行。

心灵物语

鼎州禅师捡落叶，不如说是捡去心中的妄想烦恼。大地山河有多少落叶且不必去管它，而人心里的落叶则是捡一片少一片。禅者，只要当下安心，就立刻拥有了大千世界的一切。

儒家主张凡事反求诸己，日省吾身三次；禅者则认为随其心净则国土净，故有情众生都应随时随地除去自己心地上的落叶，即所谓"拂尘扫垢"，还自己一片清净。

人生中的七味心药

止息心的纷扰

世上本无事，庸人自扰之。其实很多时候，烦恼都是自找的，要想从烦恼的牢笼中解脱，首先要做到"心无一物"，放下心中的一切杂念，不为外物的悲喜所侵扰，才能够抛却一切的烦恼，得到内心的安宁。

在生活中，我们每个人都会被情感、家庭、事业等种种烦恼所纠缠，找不到安心的所在。须知，外在的纠葛、攫取太多，心就没有办法安宁，更无法净化；人对外在无限度地索取，常常是以支付心灵的尊严为代价的。我们应该抬起头来，看看屋外的松林，听听松涛的呼唤，眺望远处的大海以及满风的帆船，我们的心中便会有对生命新的转移与看待。

做人，唯有好好地在自己的身上下功夫，从内心的观照里，去修正自己的一言一行，才不至于觉得无休止的劳苦。

一如萧伯纳所说："痛苦的秘诀在于有闲工夫担心自己是否幸福。"很多人四处寻找解脱烦恼的秘诀，却不知道这其实将带来更多的烦恼。许多烦恼和忧愁源于外物，却是发自内心。如果心灵没有受到束缚，外界再多的侵扰都无法动摇你宁谧的心灵，反之，如果内心波澜起伏，汲汲于功利，汲汲于悲喜，那么即便是再安逸的环境，都无法洗脱你心灵上的尘埃。正所谓"菩提本无树，明镜亦非台，本来无一物，何处惹尘埃"，一切的杂念与烦忧，都是自动摇的心旌所激荡起的涟漪，只要带着牧童牛背吹笛、老翁临渊钓鱼的心绪，而不去自寻烦忧，那么，烦扰自当远离。

情景展现

　　有一位青年，因为受了一些挫折变得非常忧郁、消沉。有一次他去海边散步，碰巧遇到以前的一位朋友，这位朋友正好是一位心理医生。

　　于是青年就向这位医生朋友诉说他在生活、社会及爱情中所遭受的种种烦恼，希望朋友能帮他解脱痛苦，斩断生命的烦恼。

　　安静沉默的医生朋友似乎没听这位青年的诉说，因为他的眼睛总是眺望着远方的大海，等到青年停止了诉说，他自言自语地说："这帆船遇到满帆的风，行走得好快呀！"

　　青年就转过头看海，看到一艘帆船正乘风破浪前进，但随即又转回头去了；他以为医生朋友并没有听懂他的意思，于是就加重语气诉说自己的种种痛苦，生活中的烦恼、爱情的坎坷、社会的弊病、人类的前途等问题已经纠结得快要让他发狂了。

　　医生朋友好像在听，又好像不在听，依然眺望着海中的帆船，自言自语地说："你还是想想办法，停止那艘行走的帆船吧！"

　　说完，就转身离去了。

　　青年感到非常茫然，他的问题没有得到任何解答，只好回家了。过了几天，他主动去找那位医生朋友了。一进门他就躺在地上，两脚竖起，用左脚脚趾扯开右腿的裤管，形状正像一艘满风的帆船。

　　医生朋友有点惊讶，接着就会心地笑了，随手打开阳台上的窗户，望着远处的山对青年说："你能让那座山行走吗？"

　　青年没有搭话，站起来在室内走了三四步，然后坐下来，向医生朋友道谢，说完就离开了；走时神采奕奕，好像对生活充满了希望，不见了当初的消沉、颓废。

　　医生朋友事实上并未回答青年的问题，青年自己找到了答案。医生朋友的话让青年明白了，解决生活乃至生命的苦恼，并不在苦恼的本身，而是要有一个开阔的心灵世界；人们只有止息心的纷扰，才不会被

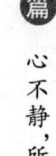

213

外在的苦恼所困厄，因此要解脱烦恼，就在于自我意念的清净，正如在满风时使帆船停止行走。

心灵物语

你且静看那莲花初绽，出于淤泥，却依旧心净气洁，不染尘丝。你心比莲心，自是莲心更比人心净。

人若心静，热闹场中亦可做道场；只要自己丢下妄缘，抛开杂念，哪里不可宁静呢？如果妄念不除，即使住在深山古寺，一样无法修行。

心中有事世间小

心中平静，内心自然凉快。我们在遭遇问题、困难、挫折时，若能放平心态，以一颗平常心去迎接生活中的所有问题，则世界就会变得无限宽广。

曾闻人言，心灵的困窘是人生中最可怕的贫穷。一个人倘若脱离外界的刺激依然能够活得快乐自得，那么，他就能够守住内心的安宁与安详。然而，我们多是普通人，每日穿梭于嘈杂人流之中、置身于喧嚣的环境之下，又有几人能够做到人心清静呢？于是，很多人需要寄托于外界的刺激来感受自己的存在；于是便见得一些人沉溺于声色犬马之中，久久不能自拔；于是又见得一些人自诩为"隐者"，远避人群以求得安宁。殊不知，故意离开人群便是执着于自我，刻意去追求宁静实际是骚动的根源，如此又怎能达到将自我与他人一同看待、将宁静与喧嚣一起忘却的境界呢？

求得内心的宁静在于心，环境在于其次。否则把自己放进真空罩子里不就真静无菌了吗？其实，这样的环境虽然宁静，假如不能忘却俗世事物，内心仍然是一团繁杂。何况既然使自己和人群隔离，同样表示你内心还存有自己、物我、动静的观念，自然也就无法获得真正的宁静和动静如一的主观思想，从而也就不能真正达到身心俱安宁的境界。

真正的心静之人，对于外界的嘈杂、喧嚣具有极强的免疫功能，他们耳朵根子听东西就像狂风吹过山谷造成巨响，过后却什么也没有留下；他们内心的境界就像月光映照在水中，空空如也不着痕迹。如此一来，世间的一切恩恩怨怨、是是非非便都宣告消失了，这才是真正的物我两相忘。

佛家所谓的"六根清净"，不单是指耳不听恶声，也包括心不想恶事在内，眼、耳、鼻、舌、身、意六者都要不留任何印象才行。而物我两忘是使物我相对关系不复存在，这时绝对境界就自然可以出现。可见想要提高人生境界就必须除去感官的诱惑，要做到六根清净，四大皆空。

当然，以现实状况来看，绝对的境界即人的感官不可能一点不受外物的感染，但要提高自身的修养，加强意志锻炼，控制住自己的种种欲望，排除私心杂念，建立高尚的情操境界却是完全可能的。

情景展现

一个罪犯的"丑事"大白于天下，定罪以后遂被关押在某地区监狱。他的牢房非常狭小、阴暗，住在里面很是受拘束。罪犯内心充满了愤懑与不平，他认为这间小囚牢简直就是人间炼狱。在这种环境中，罪犯所想的并不是如何认真改造，争取早日重新做人，而是每天都要怨天尤人，不停地叹息。

一天，牢房中飞进一只苍蝇，它"嗡嗡"地叫个不停，到处乱飞乱撞。罪犯原本就很糟糕的心情，被苍蝇搅得更加烦躁，他心想："我已经够烦了，你还来招惹我，真是气死人了，我一定要捉到你！"他小心翼翼地捕捉，无奈苍蝇比他更机灵，每当快要被捉到时，它就会轻盈

第七篇　心不静，所以乱：按捺心的浮躁

人生中的七味心药

地飞走。苍蝇飞到东边,他就向东边一扑;苍蝇飞到西边,他又往西边一扑。捉了很久,依然无法捉到。最后,罪犯感慨地说道:"原来我的小囚房不小啊,居然连一只苍蝇都捉不到。"

感慨之余,罪犯突然领悟到,人生在世无论称意与否,若能做到心静,则万事皆可释怀,若能做到心静,自己也绝不至于身陷囹圄。其实他早该明白——"心中有事世间小,心中无事天地宽"。

心灵物语

宁静不是归于混沌,亦不是避世求隐,而是置身于喧嚣之中,你的心依然能够保持安宁……心外世界如何并不重要,重要的是我们的内心世界。一个胸怀开阔的人,即便身居囹圄,亦可转境,将小小囚房视为三千大千世界;一个心思狭隘、欲念横流的人,即便拥有整座大厦,亦不会感到称心如意。

于静处还原生活

从谂禅师曾经作过一首名为《鱼鼓颂》的诗偈,其偈中就暗藏了对虚空的认识:

四大由来造化功,有声全贵里头空。

莫嫌不与凡夫说,只为宫商调不同。

这首《鱼鼓颂》是从谂禅师在回答众人提问后的即兴之作。偈中的"鱼鼓"是鱼形木鼓,寺院用以击之以诵经的法器。他的这首诗偈可以这样理解:一切事物都是由地、水、火、风"四大"物质和合而成,"鱼鼓"自然也不例外。只不过大自然对它情有独钟,"造化"更为精巧工致而已。"鱼鼓"有声,贵在内无。这个道理凡夫俗子是不明白的，因为他们观察事物和认识人生的方法与禅者有所差异，有如音律中的宫商不尽相同一般。

从谂禅师借此偈喻指参禅悟道也应与鱼鼓一样，全然在"空"字之中：心中空明，禅境顿生。

做人只要保持像白云一样自如自在的境界，何处不能自由，何处不是解脱？然而，在这个日益繁杂的社会中，大多数人都显得焦躁不安、迷失了快乐。唯一可以改变这种状态的办法便是保持内心的空明，于静处细心体味生活的点滴，让生活还原本色。

情景展现

老街上有一铁匠铺，铺里住着一位老铁匠。由于没人再需要他打制的铁器，现在他以卖拴狗的链子为生。

他的经营方式非常古老。人坐在门内，货物摆在门外，不吆喝，不还价，晚上也不收摊。无论什么时候从这儿经过，人们都会看到他在竹椅上躺着，微闭着眼，手里是一只半导体，旁边有一把紫砂壶。

他的生意也没有好坏之说。每天的收入正够他喝茶和吃饭。他老了，已不再需要多余的东西，因此他非常满足。

一天，一个古董商人从老街上经过，偶然间看到老铁匠身旁的那把紫砂壶，因为那把壶古朴雅致，紫黑如墨，有清代制壶名家戴振公的风格。他走过去，顺手端起那把壶。

壶嘴内有一记印章，果然是戴振公的。商人惊喜不已，因为戴振公在世界上有捏泥成金的美名，据说他的作品现在仅存三件：一件在美国纽约州立博物馆；一件在中国台湾故宫博物院；还有一件在泰国某位华侨手里，是他1995年在伦敦拍卖市场上，以60万美元的拍卖价买下的。

古董商端着那把壶，想以15万元的价格买下它，当他说出这个数字时，老铁匠先是一愣后又拒绝了，因为这把壶是他爷爷留下的，他们祖孙三代打铁时都喝这把壶里的水。

虽没卖壶，但古董商出现的那天，老铁匠有生以来第一次失眠了。这把壶他用了近60年，并且一直以为是把普普通通的壶，现在竟有人要以15万元的价格买下它，他有点想不通。

过去他躺在椅子上喝水，都是闭着眼睛把壶放在小桌上，现在他总要坐起来再看一眼，这让他非常不舒服。特别让他不能容忍的是，当人们知道他有一把价值连城的茶壶后，总是挤破门，有的问还有没有其他的宝贝，有的甚至开始向他借钱，更有甚者，晚上也推他的门。他的生活被彻底打乱了，他不知该怎样处置这把壶。当那位商人带着30万元现金，第二次登门的时候，老铁匠再也坐不住了。他招来左右邻居，拿起一把锤头，当众把那把紫砂壶砸了个粉碎。现在，老铁匠还在卖拴狗的链子，据说今年他已经101岁了。

老铁匠的内心随着茶壶的升值而波动不平起来，生活中原本的宁静与安详被打破了。很显然这突如其来的"好运"并没有给老人带来快乐，相反老人的内心却承受着煎熬。在沉思之后，老人最终悟得了"虚空"的禅机。也是在老人举起锤头的那一刹那，他找回了原本属于自己的那份安详与宁静。

心灵物语

"证得身形似鹤形，千株松下两函经。我来问道无余话，云在青天水在瓶！"不管你选择了什么为"道"，如果将其视为唯一重要之事而执着于此，就不是真正的"道"。唯有达到心中空无一物的境界，才是"悟道"。无论做什么，如果能以空明之心为之，一切都能轻而易举了。

做事常念静与思，莫让前进反成退

郭冬临在春晚小品中曾说过一句颇为精辟的话——"冲动是魔鬼"，一时间成为大家津津乐道的口头禅。的确，冲动是魔鬼，人在"冲动"的驾驭下，往往会做出一些匪夷所思的举动，甚至不惜去触犯法律、道德的底线，为自己的人生抹下一道重重的阴影。

其实，人活于世，俗事本多，我们真的没有必要再去为自己徒增烦恼。遇事若是能冷静下来，以静制动，三思而后行，绝对会为你免去很多不必要的麻烦。否则，你多半会追悔莫及。

生活中，很多人一旦受到外界刺激，就容易头脑发热，怒火中烧，于是失去理智，意气用事，以致害人害己，将人生置于无可追悔的地步，而且大多数人认为蒙辱不争、不斗，就是懦夫、软蛋、胆小鬼、窝囊废，让人瞧不起。所以，普通人对侮辱的承受能力是很小的，很多人在受到侮辱时的应激反应，不是反唇相讥，就是以命相拼，打个你死我活，只要争回了面子就好，后果如何，很少有人去想。

正所谓"事不三思终有悔，人能百忍自无忧"，冷静就是一种智慧！世间的很多悲剧，都是因一时冲动所致。倘若我们能将心放宽一些，遇事时、与人交恶时，压制住自己的浮躁，考虑一下事情的前前后后以及由此可能造成的后果，且咽下一口气，留一步与人走，人与人之间的关系就会变得和谐许多。

情景展现

古时有一愚人，家境贫寒，但运气不错。一次，阴雨连绵半月，将家

人生中的七味心药

中一堵石墙冲倒，而他竟在石墙下挖到了一坛金子，于是转眼成为富人。

然而，此人虽愚笨，却对自己的缺点一清二楚。他想让自己变得聪明一些，便去求教一位禅师。

禅师对他说："现在你有钱，但缺少智慧，你为何不用自己的钱去买别人的智慧呢？"

此人闻言，点头称是，于是便来到城里。他见到一位老者，心想老人一生历事无数，应该是有智慧的，遂上前作揖，问道："请问，您能将您的智慧卖给我吗？"

老者答道："我的智慧价值不菲，一句话要100两银子。"

愚人慨言："只要能让自己变得聪明，多少钱我都在所不惜！"

只听老者说道："遇到困难时、与人交恶时，不要冲动，先向前迈三步，再向后退三步，如此三次，你便可得到智慧。"

愚人半信半疑："智慧就这么简单？"

老者知道愚人怕自己是江湖骗子，便说："这样，你先回家。如果日后发现我在骗你，自然就不用来了；如果觉得我的话没错，再把100两银子送来。"

愚人依言回到家中。当时日已西下，室内昏暗。隐约中，他发现床上除了妻子还有一人！愚人怒从心起，顺手抄过菜刀，准备宰了这对"奸夫淫妇"。突然间，他想起白日向老者赊来的"智慧"，于是依言而行，先进三步，再退三步，如此三次。这时，那个"奸夫"惊醒过来，问道："儿啊，大晚上的你在地上晃悠什么？"

原来那个"奸夫"竟是自己的母亲！愚人心中暗暗捏了一把汗："若不是老人赊给我的智慧，险些将母亲错杀刀下！"

翌日一早，他便匆匆赶向城里，去给老者送银子了。

心灵物语

"他强任他强，清风拂山冈；他横任他横，明月照大江！"我们做人，理应在无谓的事情面前，晓得忍让，有时示弱即是强！示弱才能无忧。

漫漫人生路，有时退一步是为了踏越千重山，或是为了冲破万里浪；有时低一低头，更是为了昂扬成擎天柱，也是为了响成惊天动地的风雷；低一低头，即便今日成渊谷，即便今秋化作飘摇落叶，明天也足以抵达珠穆朗玛峰的高度，明春依然会笑意盎然，傲视群芳。

按捺内心的浮躁

当今社会，似乎一切都在提速，物质水平、人生追求的不断提高，令不少人少了耐性，多了急躁；少了冷静；多了妄动；少了脚踏实地，多了急功近利……是的，在市场经济的大环境下，大多数人已经无法按捺住自己躁动的心，守住可贵的清醒与理智，而是变得越发浮躁了。

那么，何为浮躁？顾名思义，浮躁即心浮气躁。在人生的路途中，一旦我们心不在焉，一旦我们坐立不安，一旦我们丧失耐性，一旦我们急功近利，一旦我们患得患失，一旦我们爱慕虚荣，浮躁便如鬼魅一般，悄悄地、不露声色地向我们走来。它会让我们原本宁静的心泛起波澜，会令我们喜怒无常、焦虑不安，自寻烦恼；它会摧毁我们原本坚强的意志，让我们失去恒心，三天打鱼，两天晒网；它会侵蚀我们的肉体，让我们耐不住寂寞，守不住贞操，傻傻地放弃原本的美好。

浮躁这种情绪，可以说是我们成功路上的最大绊脚石。人一旦浮躁起来，就会进入一种应激状态中，火气变大，神经越发紧张，久而久之便演化成一种固定性格，使人在任何环境下都无法平静下来，因而在无

形中做出很多错误的判断，造成诸多难以弥补的损失。长此以往，便会形成一种恶性循环，终使我们被淹没于生活的急流之中。所以说，一个人若想在人生中有所建树，首先就要平心静气，其次便是要脚踏实地。

要知道，这世间本不存在绝对的完美。在人生旅途中，有太多的未知因素影响着我们，这其中既有顺境亦有逆境。或许此时，我们风生水起、无往不利；或许彼时，我们步履艰难、如履薄冰。面对人生中的林林总总，倘若我们能够抱持"任凭风浪起，稳坐钓鱼台"的态度，将心置于安定之中，不随外物流转而变动，我们的生活就会潇洒许多。

在现实生活中，我们常自以为如何、如何才是最好，但事与愿违的事情时有发生，往往令我们意不能平。其实，我们所拥有的，无论是顺境还是逆境，都是上天对于我们最好的安排。倘若能够认识到这一点，你便能在顺境中心存感恩，在逆境中依旧心存喜乐。

然而，在某些人的内心深处，总是有那么一股力量使他们茫然、令他们感到不安，让他们心灵一直无法归于宁静，这种力量就是浮躁！浮躁不仅是人生的大敌，而且还是各种心理疾病的根源所在。

情景展现

相传古时有兄弟二人，他们都很有孝心，每日上山砍柴换钱为老母亲治病。

一位神仙为他们的孝心所感动，决定帮助他们。于是神仙告诉二人说，用四月的小麦、八月的高粱、九月的稻、十月的豆、腊月的雪放在千年泥做成的大缸内，密封七七四十九天，待鸡叫三遍后取出，汁水可卖大价钱。

兄弟两人各按神仙教的方法做了一缸。待到四十九天鸡叫二遍时，老大耐不住性子打开缸，一看里面是又臭又酸的水，便生气地洒在地上。老二则坚持到了鸡叫三遍后才揭开缸盖，发现里边是又香又醇的酒。

心灵物语

"洒"与"酒"只差一横，只早了那么一小会儿，便造就了两种截然不同的命运。人生在世，必要时，我们需要在心中添上一把柴，以使希望之火燃得更加旺盛；有些时候，我们又要在心中加一块冰，让自己沸腾的心静下来了，别除那些不切实际的欲望。"静"确实很美，它可以帮助我们沉淀智慧，是调节精神的良药，它可以抚平浮躁、可以过滤浅薄！其实，只要我们能够真正静下心来，我们就一定会比现在好得多。

嗔心不除，休言淡定

贪、嗔、痴、慢、疑，这五毒就像是潜藏于内心深处的五个心魔。

嗔，即是怒火中烧。凡是遇到不如意的事情，世人总是会发脾气、不高兴。它是障道之祸首，所以经书上说"宁起百千贪心，不起一嗔恚"。

嗔怒，是一种极为强烈的情绪，有嗔怒习性的人，就像胸中有一股怒火，随时都准备爆发。

除却心头之火，不是嘴巴说放下就能放下的，"说时似悟，对境生迷"。习气也不是说改就能改的，别人轻轻一点怒火又起，其实是嗔心未净。

嗔心不除，休言淡定。所谓火烧功德林，就是指人发脾气，便起了嗔恚之火，就把所有的功德都烧光了；除此之外，嗔怒往往会波及他人、伤害他人。

人生中的七味心药

情景展现

蕊蕊是一个人见人爱的小女孩。一天,蕊蕊的妈妈发现钱包里少了100元,百寻不着,就很生气地质问丈夫,是不是他拿去赌博了。爸爸坚决否认,于是他们大吵了一架。

隔了一天,蕊蕊的爸爸下班后去保姆家接蕊蕊回来。一进保姆家,就听到保姆说:"今天我帮蕊蕊洗衣服时,发现她的口袋里有一张100元的钞票,但已经洗湿了,我把那张钞票摊开来晒了……"

爸爸还没等保姆说完,就怒不可遏地对着蕊蕊"啪啪"地打了两个耳光,并骂道:"这么小,就敢偷钱,害得我和你妈吵了一架!以后看你还敢不敢偷钱?"

蕊蕊可爱的小脸蛋被爸爸重重一打,顿时红了起来,嘴角还流血了。她不明白爸爸为什么打她,只知道很痛,就哭了。

"你不用回去了!我们家没有你这种会偷钱的小孩!"蕊蕊的爸爸极为愤怒地抛下这句话,掉头就走了!

后来,蕊蕊的妈妈听到消息,急忙跑来了。

"哎呀,你先生也真是的,怎么打小孩出手这么重,把女儿的脸都打红了!蕊蕊这么可爱、这么乖,她怎么会去'偷钱'?100元钞票对她来讲,根本就是没有意义的一张'彩色纸'而已。平时她比较喜欢1元的硬币。1元硬币她还可以拿到菜市场去骑电动马!"保姆很心疼地说。

妈妈仔细一想,三四岁的小女孩怎么会"偷钱"呢?大概是蕊蕊在家玩钱包时,抽出了百元大钞,玩啊玩,而把钞票揉成一团,最后无意识地放进了口袋里。

两三天后,妈妈发现蕊蕊经常哭闹,而且反应比较迟钝,就抱着她去看医生,检查过后,医生告诉她:"蕊蕊的耳膜破裂,一只耳朵全聋,另一只耳朵半聋!"

224

这简直就是晴天霹雳!

"以后蕊蕊的一只耳朵要戴助听器才能听得见;另一只耳朵全聋,完全听不见了,所以身体的平衡感会很差,你要多注意她、照顾她!"医生又说。

原本活泼可爱的蕊蕊就这样被毁了,爸爸愤怒的两巴掌造成了女儿一生的不幸。伤害已经造成,再多的懊恼、悔恨,也于事无补!

"我为什么要如此冲动?"这成了蕊蕊爸爸心中永远的痛!

心灵物语

富兰克林说:"愤怒起于愚昧,终于悔恨。"心净则嗔灭,这本身即是无量之功德;远离嗔火,莫因一时之嗔让悔恨与遗憾缠绕一生。

真正有智慧的人、有觉悟的人,绝不会燃烧自己的嗔念,更不会不问青红皂白就发脾气。要修忍辱。能忍,尔后才有定;能定,尔后才有慧。通俗地说,就是提高情绪自制力,让冲动和盛怒降温,直至彻底消失。

莫生气

"人生就像一场戏,因为有缘才相聚;相扶到老不容易,是否更该去珍惜。为了小事发脾气,回头想想又何必?别人生气我不气,气出病来无人替。我若气死谁如意?况且伤神又费力!邻居亲朋不要比,儿孙琐事由他去;吃苦享乐在一起,神仙羡慕好伴侣。"一首《莫生气》,虽无华丽的辞藻,却成了世人常挂在嘴边的"忍怒格言",这不仅是因为它读起来朗朗上口,更是因为它用最普通的话说出了最简单却又最难做到的道理。

生气动怒是一种极为常见的情绪反应，它随时都有可能让人情不自禁地表现出来。或许，正是因为它太常见，因而很多人对其不以为意。殊不知，生气具有极强大的破坏力，它可以摧毁一个人的学业、事业、人脉、家庭以及身体等，毫不夸张地说，不加节制的怒火甚至可以烧毁一切！它就是我们缔造人生幸福的莫大障碍，就是我们事业走向成功的拦路虎。

一个动不动就发怒的人，必然是个蠢人；一个善于驾驭自身情绪、不为小事而大动肝火的人，我们说他是聪明人，因为他能够用理智驾驭感情，将不良情绪引入正规的表现渠道。人生何其短！为何要让怒火焚烧本就难得的美好？

佛祖告诫我们说："嗔心一起，于人无益，于己有损；轻亦心意烦躁，重则肝目受伤。"

害人害己的事我们何必去做？只为生活中所遇的一点小事就大发雷霆，那是愚人的行为。

我们不能做一个聪明人，但至少不要去做一个愚人。把生活中不如意的一些小事看得淡一点，并能在静观中有所收益，悟得生活中的种种禅机，我们就不会活得太累，活得不开心。

情景展现

一位老妇人脾气十分古怪，经常为一些无关紧要的小事大发雷霆，而且生气的时候说话很刻毒，常常无意中伤害了很多人。因此，她与周围的人都相处得不太和谐。她也很清楚自己的脾气不好，也很想改，可是火气上来时，她就是没有办法控制自己。

一次，朋友告诉她："附近有一位得道禅师，为什么不去找他为你指点迷津呢？说不定他可以帮你。"她觉得有点道理，于是就抱着试一试的态度去找那位禅师了。

当她向禅师诉说自己的心事时，态度十分恳切，强烈地渴望能从禅师那儿得到一些启示。禅师默默地听她诉说，等她说完，就带她来到一间禅房，然后锁上门，一言不发地离去了。

这位老妇人本想从禅师那里得到一些启示的话，可是没有想到禅师却把她关在又冷又黑的禅房里。她气得直跳脚，并且破口大骂，但是无论她怎么骂，禅师都不理睬她。老妇人实在受不了了，于是开始哀求禅师放了她，可是禅师仍然无动于衷，任由她自己说个不停。

过了很久，禅师终于听不到房间里的声音了，于是就在门外问："你还生气吗？"

老妇人恶狠狠地回答道："我只是生自己的气，很后悔自己听信别人的话，干吗没事找事地来到这种鬼地方找你帮忙。"

禅师听完，说道："你连自己都不肯原谅，怎么会原谅别人呢？"说完转身就走了。

过了一会儿，禅师又问："还生气吗？"

老妇人说："不生气了。"

"为什么不生气了呢？"

"我生气又有什么用，还不是被你关在这又冷又黑的禅房里吗？"

禅师有点担心地说："其实这样会更可怕，因为你把气全部压在了一起，一旦爆发会比以前更强烈的。"于是又转身离去了。

等到禅师第三次来问她的时候，老妇人说："我不生气了，因为你不值得我生气。"

"你生气的根还在，你还是不能从气的旋涡中摆脱出来！"禅师说道。

又过了很久，老妇人主动问禅师："大师，您能告诉我气是什么吗？"

禅师还是不说话，只是看似无意地将手中的茶水倒在地上。老妇人终于明白：自己不气，哪里来的气？心地透明，了无一物，何气之有？

心灵物语

那些小事就如一粒粒的碎沙,在你的鞋子里让你感觉不舒服。那么,为了摆脱这些碎沙,你选择倒掉沙子还是踢掉鞋子?我们不能不穿鞋子,因为我们还有许多路要走,所以,还是选择倒掉沙子吧。

忍字高

许多人都会在自觉与不自觉之间信奉着一个字——"忍",虽然信奉"忍"字的人很多,然而真正了解它内涵的人却少之又少。许多人将一幅幅"忍"字字画悬挂于客厅、卧室、钥匙扣之上,然而他们就像"叶公好龙"一般,喜欢的不是真"忍",而是书画上的假"忍"。

"忍"的真正内涵是什么?在很多时候,"忍"体现在"不嗔不狂、不嚣张"上,也就是制怒与戒嚣张两方面。

忍辱是制怒的一部分,在面对一些无理取闹之人的讽刺与侮辱时,能够释放于心外才能制怒。唐代著名的寒山禅师所做的一首《忍辱护真心》,显示出了他对忍辱的参悟与制怒的本领。

"嗔是心中火,能烧功德林。
欲行菩萨道,忍辱护真心。"

有记载说,寒山禅师曾问拾得禅师:"世间谤我,欺我,辱我,笑我,轻我,贱我,厌我,骗我,如何处置乎?"拾得禅师答道:"只是忍他,让他,由他,避他,耐他,敬他,不要理他,再待几年,你且看他。"寒山禅师点头称是,遂有此偈。

要知道,如果我们欲成就一番事业,就应该时刻注意学会制怒,不能让浮躁愤怒左右我们的情绪。著名的成功学大师拿破仑·希尔曾经这样说："我发现，凡是一个情绪比较浮躁的人，都不能做出正确的决定。在成功人士之中，基本上都比较理智。所以，我认为一个人要获得成功，首先就要控制自己浮躁的情绪。"

在生活中我们经常看见很多人为了一点很小的事情而怒容满面，甚至与其他人大打出手，这是欲成大事者的大忌。我们每个人都避免不了动怒，愤怒情绪是人生的一大误区，是一种心理病毒。克制愤怒是人生的必修课，那些怒火横冲直撞而不加抑制的人是难成大器的。

情景展现

明神宗时，曾官至户部尚书的李三才可以说是一位好官，为什么这么说呢？当时他曾经极力主张罢除天下矿税，减轻民众负担；而且他疾恶如仇，不愿与那些贪官同流合污，甚至不愿与那些人为伍。但是他在"忍"上的造诣却太差。

有次上朝，他居然对明神宗说："皇上爱财，也该让老百姓得到温饱。皇上为了私利而盘剥百姓，有害国家之本，这样做是不行的。"李三才毫不掩饰自己的愤怒、说话也不客气的行为激怒了明神宗，他也因此被罢了官。

后来李三才东山再起，有许多朋友都担心他的处境，于是劝他说："你疾恶如仇，恨不得把奸人铲除，也不能喜怒挂在脸上，让人一看便知啊。和小人对抗不能只凭愤怒，你应该巧妙行事。"李三才则不以为然，反而认为那样做是可耻的，他说："我就是这样，和小人没有必要和和气气的。小人都是欺软怕硬的家伙，要让他们知道我的厉害。"没过多久，李三才又被罢了官。

回到老家后，李三才的麻烦还是不断。朝中奸臣担心他再被重新起用，于是继续攻击他，想把他彻底搞垮。御史刘光复诬陷他盗窃皇木，营建私宅，还一口咬定李三才勾结朝官，任用私人，应该严加治罪。李

人生中的七味心药

三才愤怒异常，不停地写奏书为自己辩护，揭露奸臣们的阴谋。

他对皇上也有了怨气，居然毫不掩饰愤怒情绪，对皇上说："我这个人是忠是奸，皇上应该知道的。皇上不能只听谗言。如果是这样，皇上就对我有失公平了，而得意的是奸贼。"最后，明神宗再也受不了他了，便下旨夺去了先前给他的一切封赏，并严词责问他，于是李三才彻底失败了。

心灵物语

古人常说"喜怒不形于色"，而李三才却不知深浅，不分场合、不分对象随意发怒，自然树敌无数。

"事临头，三思为妙，一忍最高"。忍是一种智慧，人生之中有很多事，需要忍；人生之中有很多话，需要忍；人生之中有很多欲，需要忍；人生之中有很多气，需要忍；人生之中有很多情，需要忍；人生之中有很多苦，需要忍；人生之中有许多痛，需要忍……所以请驾驭你的浮躁情绪，而不是让情绪随心所欲！

无比较心，做我们自己

习惯于比较是人的天性，正是这种喜欢比较的天性促成了人与人之间的相互攀比，也促成了人的苦恼的产生。而且，人总是习惯于去看比较之后那不利的一面，所以，苦恼自然会随即而至。

从小在家中，比较父母疼爱谁多一点，计较父母的偏心；上学后，学会与人比较谁的分数高，计较老师喜欢谁；踏入社会则又比较谁的工资高，计较老板对谁好；即使父母去世了，还要计较谁分得的遗产多一点。就因为一切都要比较，各种纷争就随即而生了，甚至很多罪恶也是由此而起。

其实，与别人比较，是相当辛苦的。生活属于我们自己，为何要整天追随别人的脚步？我们的地位可以卑微，我们的金钱可以不如别人多，但我们的权利和任何人都是平等的。只有不比较、不计较，不把注意力集中在别人身上，才能将自己有限的时间全部投入自我的生命中，做出一番事业，最终无愧于来此一遭。而在心灵的坦然、安然中，在生活的自适、自得中，才能懂得欣赏他人的荣耀、成就或美丽，这才是一种修养、一种风度！

人生最大的缺憾，莫过于和别人比较，放弃自己。外来的比较，让我们心灵动荡，不得自在，甚至迷失自己，障蔽了心灵深处原有的氤氲馨香。

生活在欲望中，总想占有一切，于是容不得别人比自己好，什么事情都要比较。这样有了分别心、比较心，就很难解脱了；因为带着比较心生活的人，永远都没有满足的时候，而且一旦落于人后，更会产生酸葡萄的心理。

情景展现

北海有一条身长好几里的大鱼，活了几千年。有一天，忽然刮了一阵大旋风，这条大鱼顺着旋风竟然变成了一只大鹏鸟。

大鹏鸟身长也有几里长，它乘风振翅一冲，便能飞腾到九千里的高空。它想从北海飞到南海，这大概需要半年的时间。在这半年当中，它不停地飞呀飞，从高空往下一望，看到白云朵朵，如万马行空一样；抬起头，则是一片无边无际灰茫茫的天空，除此之外一无他物。经过6个月的飞行，它终于到达了南海。

那时，地面上正好有一只小麻雀，看到了大鹏鸟，它有点不舒服，心想："飞得那么高，何必呢？有那么大的身体，要到达南海还不是得

不断地辛苦飞行吗？像我这么小巧玲珑的身材多好呀，飞行的时候可以轻轻松松地，只要一枝小小的枝丫，就可以作为栖身之地；累了还可以到地面走走；如果想飞高一点，又飞不上去时，我干脆就降落到草地上，像这样生活多逍遥啊！大鹏鸟也没什么了不起的嘛！"

事实上，小麻雀并不逍遥，因为它的心在与大鹏鸟做比较！因为自己的体型、力量太小，无法像大鹏鸟一飞冲天，所以就只能自我安慰地说说罢了。这正是比较中产生的酸葡萄心理在作祟！

心灵物语

无比较心，做我们自己，人生就不会痛苦，不会迷乱。所以，不和别人比较，才能获得内心的平衡，才能悠然自得，才能找到一分安乐！

与他人比较，你会痛苦；与自己比较，才会得到快乐。你的目光需要追随的不是别人，而应该是你自己。

弓满则折，月满则缺

我们与人交往时，切记不可得意忘形，这样只能让朋友们在无法容忍的时候远离自己。

有修养的人是不会随便炫耀自己的，他很清楚一个人的地位如何、能力如何，别人只要观察一下就可知道，用不着自己去显摆。况且，三十年河东，三十年河西，谁也不能常保富贵，谁知道哪一天被你踩在脚下的那个人就会摇身一变，成了踩在你头上的那一位呢？所以奉劝一句，当君得意之时，切记勿忘形骸。

得意时早回头，失意时别灰心，这是人们根据长期生活积累而总结出的经验之谈。尤其是第一句话，其含义很深。在封建社会，有"功成身退"的说法，因为"功高震主者身危，名满天下者不赏""弓满则折，月满则缺""凡名利之地退一步便安稳，只管向前便危险"都说明了"知足常乐，终生不辱，知止常止，终身不齿"。权力最能腐蚀人心，而人们由于贪恋名利，往往会招致身败名裂的悲剧下场。从做人角度看，得意时更要谨慎，不骄不躁。

情景展现

年羹尧是雍正的包衣奴才，进士出身，康熙时官拜四川巡抚，不足30岁便已成为封疆大吏。据说，年羹尧在拥立雍正登基一事上，建有大功。雍正荣登九五以后，授其军权，以平战乱。年羹尧在沙场上运筹帷幄，所向披靡，平西藏、定青海，立下赫赫战功。班师回朝时，雍正亲自相迎，加封其为抚远大将军、太保、一等公。

然而，年羹尧虽有平定西北之功，但论资历尚不足以与清初统兵的诸王平起平坐。但年羹尧志得意满，不禁得意忘形起来，竟想超越前大将军胤禵的地位。按规矩，年羹尧与各省督抚的往来书信应使用咨文形式，以表示平等。但在年羹尧眼中，各省督抚俨然已经成为自己的下属，他在与各将军、督抚的通信中，一直使用令谕。

年羹尧进京面见雍正时，王公以下官员须跪迎，年羹尧坐轿而过，目不斜视。王公下马与年羹尧打招呼，年羹尧傲慢至极，只是微微点头示意。

年羹尧在送人东西时用"赐"，"受赐"者必须向北叩谢；在接见各省官员时用"引见"；自己吃饭时称作"用膳"，请人吃饭时则叫"排宴"，这在礼法森严的封建王朝，俨然已属大逆不道之列。

即便是在雍正面前，年羹尧也狂态不减。一次，年羹尧编选一本《陆宜公奏议》，进呈雍正以后，雍正要为它写一篇序言。但还未待雍正写完，年羹尧便自行草拟一篇，请求雍正认可。很显然，这已经大大

第七篇 心不静，所以乱：按捺心的浮躁

逾越了君臣之限。年羹尧"箕坐无人臣礼",走的自是取祸之道。

雍正三年,雍正将年羹尧削官夺爵,定大罪九十二条,赐自尽。

年羹尧之死,自是咎由自取。他自恃功高,忘乎所以,不守臣道,不知限制,终得覆灭。

心灵物语

人在顺境之时往往容易忘乎所以,以为一切尽在掌握,其实不过是幻想而已。命运很爱与人开玩笑,每每花团锦簇之后,出其不意地送你一个最不可思议的答案。一些人的忏悔让人感慨,却无法让人同情,毕竟人都要为自己的过错埋单。所以,做人还是深沉一点好,不要为一时之得意而忘乎所以,不把任何人放在眼里,以致招来非议,断了自己的后路。须知,乐极反而生悲。

定力生智慧

"定力"一词源于佛家。所谓定就是禅定。曾有参研佛学者说:"广义的定不单指禅定,定学的修持意在培养人之定力。有定力的人,正念坚固,如净水无波,不随物流、不为境转,光明磊落,坦荡无私,有定力的人心地清净,如不动,不被假象所迷惑,不为名利而动心,定学修持到一定程度自然开慧。"如此看来,佛法修持者的定力如何,将决定其是否能够修成正果。

其实,不但修行佛法需要靠定力,平常人想要练就一门技艺、成就一番事业,无不需要定力的支撑。从文者有了定力,才能"充耳不闻窗外事,一心只读圣贤书",才能心无旁骛,潜心著述,最终取得成就；若定力不足，便会被名利所魅惑、被欲望所驾驭、被俗事所纠缠，无心向学，或江郎才尽或止于小成。

习武者有了定力，才能闻鸡起舞，冬练三九，夏练三伏，不断提升自己的武艺，才能在对敌时临阵不乱、从容不迫，窥定破绽，一击即中；倘若定力不足，便会矫情散漫，吃不得苦、耐不得劳，根基不稳，所练就的不过是一些花拳绣腿，对敌之时，未战而神先乱，未战而心先败。

其实，只要稍加留意你就会发现，身边的一些人真可谓是机关算尽太聪明，凭着那么聪明的头脑，干一番惊天动地的大事业绝对是游刃有余。然而，他们并没有像我们预期的那样事业有成，反而总是在生活中屡屡受挫，最后空负了一身才华。原因何在？心无定力。

无定力就无成功可言，任何时候都能保持头脑清醒冷静，是一切胜利的先决条件。一个人的成功不仅仅需要智慧，而且需要定力，假如激烈的反驳和争论可以解决问题，那么，这个世界也就无须我们用实际行动来证明什么了。但是，生活的禅机告诉我们事实才是证明一切的最终衡量尺度。所以，我们长了一张嘴，却长了两只眼睛、两只手。

与人做毫无意义的争论，甚至是气急败坏的争吵于你无益，同时也显出你的肤浅与无知。那些得道的禅师任何时候都不会与人做毫无意义的争论。而且，他们总能以自己的禅智点化那些无知的人们。即使他们所面临的是生死大限也不会面露惧色。那份从容、那种淡定是经过了生活的磨炼和对人生的深刻领悟所获得的。

情景展现

利特尔公司是世界上著名的科技咨询公司。它的前身是其创始人利特尔 1886 年创立的一个小小的化学实验室，创立之初鲜为人知，丝毫也不引人注目。

1921 年的一天，在许多企业家参加的一次集会上，一位大亨高谈

阔论，否定科学的作用。而一向崇信科学的利特尔带着轻蔑的微笑，平静地向这位大亨解释科学对企业生产的重要作用。

这位大亨听后，不屑一顾，还嘲讽了利特尔一番，最后他挑衅地说："我的钱太多了，现有的钱袋已经不够用了，想找用猪耳朵做的丝钱袋来装。或许你的科学能帮个忙，如果做成这样的钱袋，大家都会把你当科学家的。"说完，哈哈大笑。聪明的利特尔怎么会听不出大亨的弦外之音呢？他气得嘴唇直抖，但还是抑制住自己，非常谦虚地说："谢谢你的指点。"因为利特尔感到这是一个千载难逢的大好机会。其后的一段时间里，市场上的猪耳朵被利特尔公司暗中搜购一空。购回的猪耳朵被利特尔公司的化学家分解成胶质和纤维组织，然后又把这些物质制成可纺纤维，再纺成丝线，并染上各种美丽颜色，最后编织成五光十色的丝钱袋。这种钱袋投放市场后，顿时一抢而空。

"用猪耳朵制丝钱袋"这个荒诞不经的恶意挑衅被粉碎了。那些不相信科学是企业的翅膀，从而也看不起利特尔的人，不得不对利特尔刮目相看。

心灵物语

利特尔的成功告诉我们一个不争的事实——一个人的成功需要智慧，而智慧很大程度上正源于定力。

我们都需要被放置在生活的风刀雨剑下打磨。从一个不成熟的人向成熟的人转变。走过人生的每一次风雨都应该有所收获，即使达不到禅师们的那种高深的禅境，也应该让自己有一些定力。心定才能事定，否则，你只能白白枉费这一生的好时光。

荣也不惊，辱也不惊

荣辱不惊，保持平常心，是人生的一种境界，它不是平庸，它是来自灵魂深处的表白，是源于对现实清醒的认识。人生在世，不见得都会权倾四野和威风八面，也就是说最舒心的享受不一定是荣誉的满足，而是性情的安然与恬淡。因此说，荣辱不惊，用一颗平常心去对待、解析生活，就能领悟到生活的真谛。

在生活中随缘而安，纵然身处逆境，仍从容自若，以超然的心情看待苦乐年华，以平常的心态面对一切荣辱。平常心是一种人生的美丽，非淡泊无以明志，非宁静无以致远。不虚饰，不做作，襟怀豁然，洒脱适意的平常心态不仅给予你一双潇洒和洞穿世事的眼睛，同时也使你拥有一个坦然充实的人生。

在生活中，有的人却不是这样，他们稍微做出了点成绩，出了点名之后，便沾沾自喜起来，自以为功成名就了，就可以天天吃老本了，从此便失去了新的奋斗目标。这种做法是不足取的。鲁迅说："自卑固然不好，自负也是不好的，容易停滞。我想顶好是不要自馁，总是干；但也不可自满，仍旧总是用功。"

实际上，生活就如同弹琴，弦太松弹不出声音，弦太紧会断，保持平常心才是悟道之本。古今中外的大多数伟人，他们沉着冷静，遇事不慌，及时应变，正确判断所处局势，取得了令人瞩目的成就。一般来说，人们只要不是处在疯狂或激怒的状态下，都能够保持自制并做出正确的决定。荣辱不惊的情绪不仅平时可以给生活带来幸福稳定和畅快，而且能在大难临头的时候，帮助你转危为安、逢凶化吉。

人生中的七味心药

时光荏苒，人生短暂。要快乐地品尝人生的盛宴，需要每个人拥有一份荣辱不惊、不卑不亢的平常心态。即使身份卑微，也不必愁眉苦脸，要快乐地抬起头，尽情地享受阳光；即使没有骄人的学历，也不必怨天尤人，而要保持一种积极拼搏的人生态度；当我们出入豪华场所，用不着为自己过时的衣着而羞愧；遇见大款老板、高官名人，也用不着点头哈腰，不妨礼貌地与他们点头微笑。

我们用不着羡慕别人美丽的光环，只要我们拥有一份平和的心态，尽自己所能，选择自己的人生目标，勇敢地面对人生的各种挑战，无愧于社会、无愧于他人、无愧于自己，那么，我们的心灵圣地就一定会阳光灿烂，鲜花盛开。

荣辱不惊，是一种处世智慧，更是一门生活艺术。人生在世，生活中有褒有贬，有毁有誉，有荣有辱，这是人生的寻常际遇，不足为奇。古往今来无数事实证明，凡事有所成、业有所就者无不具有"荣辱不惊"这种极宝贵的品格。荣也自然，辱也自在，一往无前，否极泰来。

情景展现

某人常听人赞叹老子超然高尚的智慧，心中不服："难道还有人比我聪明、比我更有智慧？"于是，他便登门拜访老子。

他来到老子住处，一见老子便开口说道："我经常听人称赞你是大智慧的圣人，所以，不远千里来此拜访。但是，我见到的和听到的却不一样，走进你的住处，我就觉得好像进入了老鼠洞，满地菜叶，一片杂乱。你不懂得调理生活环境，没想到我千里迢迢来拜访的人竟然如此糟糕！"

老子听完以后，毫无反应。来访者骂完返身就走。但是，他心里一直很是奇怪："我对人人尊为圣人的老子破口大骂，将他比作老鼠，将其住处比作老鼠洞，他哑口无言，我理应高兴才是，为何心中颇为失落呢？不觉得自己赢过他，这是什么道理？"

当晚，他辗转未眠，翌日一早又去拜访老子。老子的表情依旧，毫无愠怒之色。

来访者坐在老子面前，问道："昨天我说了很多无礼的话，但是你一点儿也不生气。我自以为胜利了，可是心里却若有所失，这是什么道理？"

这时，老子才开口。他说："真正悟透人生之人，会将一切生物平等看待，无论是牛、是马、是狗、是猫，或是老鼠，它们和人又有多大区别呢？所以，不管你把我比成什么，我都不觉得是侮辱，因为生命之体是平等的呀！"

该人听后顿如醍醐灌顶，赶忙将椅子移到一旁，不敢与老子对坐，他不敢正视老子的眼神。

随后，他又继续请教道："我要如何才能真正体悟真理？"

老子告诉他："你昨天来时目露凶光，好像要与人家打架一样，由此可知你的心气浮躁。要知道，自以为是、目空一切，好与人争辩，则其心念必然不得自在。人人都有纯真的本性，但本性一乱，处处要向他人挑战，则心中已有自性之贼。你回家之后最好将心静一静，然后把自性之贼抓出来，再好好培养无求无怨的善念。恢复纯真的本性时，你会发现所谓的马、牛、猴、狗、猫……都是平等的，一旦进入浑然忘我，体悟无我的境界，则能和大自然融合成一体。"

心灵物语

"此身常放在闲处，荣辱得失谁能差遣我；此身常在静中，是非利害谁能瞒昧我"。得意时不心花怒放，莺歌燕舞，纵情狂笑，受挫时也绝不愁眉紧锁，茶饭不思，夜不能寐。拥有一颗平常心，就拥有了一种超然、一种豁达，故达观者荣亦泰然，辱亦淡然。成功了，向所有支持者和反对者致以满足的微笑；失败了，转过身揩干痛苦的泪水。

第七篇 心不静，所以乱：按捺心的浮躁

239

不要丢失本性

知道尊重自己本性的人才不至于迷失了自己，也才能清晰地看清自己要走的路。然而，这世间有几人尊重了自己的本性？

有时我们因总把眼光放在外界，追逐于自己所想的美好事物，常常忽视了自己的本性，在利欲的诱惑中迷失了自己。所以才终日心外求法，因此而患得患失。如果能明白自己的本性，坚守自己的心灵领地，又何必自悔自恼呢？

有多少人曾想过改变自己，以追逐想要的一切，到头来才发现，自己做了一个邯郸学步的寿陵少年，不仅没有得到自己想要的，还丢失了自己最初拥有的。那么，当初为什么就不能尊重自己的本性，做那个最真的自己，也许正是因为没有彻悟。

诗人卞之琳写道："你站在桥上看风景，看风景的人在楼上看你。"带着妻儿到乡间散步，这当然是一道风景；带着情人在歌厅摇曳，也是一种情调；大权在握的要员静下心来，有时会羡慕那些路灯下对弈的老百姓，可是平民百姓没有一个不期盼来日能出人头地的；拖家带口的人羡慕独身的自在洒脱，独身者却又对儿女绕膝的那种天伦之乐心向往之……

皇帝有皇帝的烦恼，乞儿有乞儿的欢乐。乞儿的朱元璋变成了皇帝，皇帝的溥仪变成了平民，四季交错，风云不定。一幅曾获世界大赛金奖的漫画画出了深意：第一幅是两个鱼缸里对望的鱼，第二幅是两个鱼缸里的鱼相互跃进对方的鱼缸，第三幅和第一幅一模一样，换了鱼缸的鱼又在对望着。

我们常常会羡慕和追求别人的美丽，却忘了尊重自己的本性，稍一受外界的诱惑就可能随波逐流。事实上，每一个人都有自己独有的优点和潜力，只要你能认识到自己的这些优点，并使之充分发挥，你也必能成为某一领域的领军人物。

做人没有必要总是做一个跟从者、一个旁观者，只需知道自己的本性就足可以成为一道风景。不从外物取物，而从内心取心，先树自己，再造一切，这才是你首先要做的。

情景展现

王羲之的伯父王导的朋友太尉郗鉴想给女儿择婿。当他知道丞相王导家的子弟个个相貌堂堂，于是请门客到王家选婿。王家子弟知道之后，一个个精心修饰，规规矩矩地坐在学堂，看似在读书，心却不知飞到哪儿去了。唯有东边书案上，有一个人与众不同，他还像平常一样很随便，聚精会神地写字，天虽不热，他却热得解开上衣，露出了肚皮，并一边写字一边无拘无束地吃馒头。当门客回去把这些情形如实告知太尉时，太尉一下子就选中了那个不拘小节的王羲之。太尉认为王羲之是一个敢于坦露真性情的人。他尊重自己的本性，不会因外物的诱惑而屈从盲动，这样的人可成大器。

心灵物语

凡法俗事的纷繁芜杂使我们渐染失于心性的杂色。每一次的呈现都多了一点修饰，每一次的语言都少了一分真实。习惯于疲惫的伪装，总以为这样就可以赢得更多、过得更好。蓦然回首，那些希冀着的，仍需希冀，那些渴盼着的，仍需渴盼。唯独改变了的是自己的本性。扪心自问："我是否在意过自己最真实的内心世界？尊重过自己的本性？"心会告诉你那个最真实的答案。

人生中的七味心药

除物累，静心思

洪应明在《菜根谭》中写道："做人无甚高远事业，摆脱得俗情，便入名流；为学无甚增益功夫，减除得物累，便超圣境。"意在告诫世人：做人并不一定需要成就什么了不起的事业，能够摆脱世俗的功名利禄，就可跻身于名流；做学问没有什么特别的好办法，能够去除名利的束缚，便进入了圣贤的境界。

面对生活中的信誉和荣誉，如何选择，如何放弃，不同的人有不同的答案。讲求信誉是衡量一个人品德的标志之一。倘信守诺言，会令人信服而受人尊敬；若背信弃义，则会被人看轻而遭唾弃。不拘于俗世功名，不求闻达，不做违背良心之事，这样的人足以被称之为"贤者"。

做人，若向往逍遥，率性而为，自然不会在乎钱财的富足与官爵的显赫，而寻求的是心无牵念、行为不羁。抛弃名利的心头枷锁，无论思想抑或理智皆能得到自由。潇洒云水，放浪春秋，亦是人生的真境界。

情景展现

在我国宋代，也有这样一位贤士，他的名字叫程颢。程颢少年即中进士，后久任地方官，理政以教化为先，所辖诸乡皆有乡校。他为人宽厚，平易近人，待人接物"浑得一团和气"。他不仅"仁民"，而且"爱物"，"其始至邑，见人持竿道旁，以黏飞鸟，取其竿折之，效之使勿为"，人们议论说，"自主簿折黏竿，乡民子弟不敢畜禽鸟。不严而令行。大率如此"。但是，为了破除神怪迷信，他却敢于斩巨龙而食其肉，"茅山有龙池，其龙如蜥蜴而五色。祥符中，中使取二龙，至中途，一龙飞空而去，自昔严奉以为神物。先生尝捕而脯之，使人不惑"。

程颢任镇宁军节度判官时，适逢当地发生洪水，曹村堤决，州帅刘公涣以事急告。他当即从百里之外一夜驰至，对刘帅说："曹村决，京城可虞。臣子之分，身可塞亦为之。请尽以厢兵见付，事或不集。公当亲率禁兵以继之。"刘帅遂以官印授予程颢，说："君自用之。"程颢得印后，径走决堤，对士卒们说："朝廷养尔军，正为缓急尔。尔知曹村决则注京城乎？吾与尔曹以身捍之！"士众皆被感而自效力。他先命善泗者衔细绳以渡，然后引大索以济众，两岸并进，昼夜不息，数日而合。

在进身仕途的同时，程颢也不失归隐林泉的仙家道趣，他曾写诗说："吏纷难久驻，回首羡渔樵。""功名未是关心事，道理岂因名利荣。""辜负终南好泉石，一年一度到山中。""襟裾三日绝尘埃，欲上篮舆首重回；不是吾儒本经济，等闲争肯出山来。"正因为有这样的修养和情操，才使他获得了温润、宽厚、和气、纯粹等美德。他那种大中至正的人格形象，对世人具有很大的示范和感化作用，这也是他对后世产生较大影响的一个重要原因。程颢后来以双亲年老为由求为闲官，居洛阳十几年，与其弟程颐讲学于家，化行乡党。其教人则说："非孔子之道，不可学也。"士人从学者不绝于馆，甚至有不远千里而至者。

心灵物语

文人墨客超然脱俗者，月下听琴，清雅深沉，风致益幽。如今，情景难现，但心亦可穿越纷扰，回归那份难得的宁静。在穿过熙熙攘攘的街市以后，在带着一身的疲惫归家之时，摒弃乱耳之音，凝神静心，聆听一曲轻歌，该是何等的放松与舒展！

"名乎利乎道路奔波休碌碌，来者往者溪山清净且停停。"减除物

第七篇　心不静，所以乱：按捺心的浮躁

人生中的七味心药

累，脱得俗情，便可在汲汲营营、行止匆匆之后，捕获心灵的本真。于宁静中感悟人生，心中自有一股涓涓细流在舒缓地流淌，生命需要这种从容！